土木建筑类新形态融媒体教材

建筑工程技术专业群系列教材

建筑 CAD 项目教程

（微课版）

主　编　沈　敬

副主编　何日荣　马志忠

参　编　蔡旦辉　黄钰锈　应任萱
　　　　蔡　悦　郑湘云　林　麟

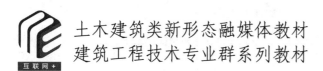

科学出版社

北　京

内 容 简 介

本书采用"项目引领、任务驱动"和"基于工作过程"的编写理念，以台州市城乡规划设计研究院的真实工程项目、典型工作任务、案例为载体组织教学内容，共设计9个项目、54个任务。项目1~项目3介绍AutoCAD软件的基本操作、二维绘图命令和编辑命令的应用；项目4介绍绘图环境的设置、图形的布局与输出；项目5~项目7介绍建筑平面图、立面图、剖面图的绘制；项目8~项目9介绍建筑结构平法施工图和住宅装饰施工图。

本书由校企"双元"联合编写，突出"工学结合"，体现以人为本，落实课程思政，注重"岗课赛证"融通和信息化资源配套。

本书既可作为职业院校土木建筑类专业的教学用书，也可作为相关企业的职工培训用书。

图书在版编目（CIP）数据

建筑CAD项目教程：微课版/沈敬主编.—北京：科学出版社，2024.2
土木建筑类新形态融媒体教材 建筑工程技术专业群系列教材
ISBN 978-7-03-077235-0

Ⅰ.①建… Ⅱ.①沈… Ⅲ.①建筑设计-计算机辅助设计-AutoCAD软件-教材 Ⅳ.①TU201.4

中国国家版本馆CIP数据核字（2023）第244343号

责任编辑：张振华 / 责任校对：赵丽杰
责任印制：吕春珉 / 封面设计：东方人华平面设计部

科学出版社 出版
北京东黄城根北街16号
邮政编码：100717
http://www.sciencep.com

三河市良远印务有限公司印刷
科学出版社发行 各地新华书店经销
*
2024年2月第 一 版 开本：787×1092 1/16
2024年2月第一次印刷 印张：18
字数：420 000
定价：59.00元
（如有印装质量问题，我社负责调换）
销售部电话 010-62136230 编辑部电话 010-62135120-2005

前　言

教育是国之大计、党之大计。教育、科技、人才是全面建设社会主义现代化国家的基础性、战略性支撑。党的二十大报告指出："加快建设国家战略人才力量，努力培养造就更多大师、战略科学家、一流科技领军人才和创新团队、青年科技人才、卓越工程师、大国工匠、高技能人才。"为了适应产业发展和教学改革的需要，编者根据二十大报告和《职业院校教材管理办法》《"十四五"职业教育规划教材建设实施方案》等相关文件精神，在行业、企业专家和课程开发专家的指导下编写了本书。

本书编写紧紧围绕"为谁培养人、培养什么人、怎样培养人"这一教育的根本问题，以落实立德树人为根本任务，以学生综合职业能力培养为中心，以培养卓越工程师、大国工匠、高技能人才为目标，以"科学、实用、新颖"为原则。相比以往同类图书，本书的体例更加合理和统一，概念阐述更加严谨和科学，内容重点更加突出，文字表达更加简明易懂，工程案例和思政元素更加丰富，配套资源更加完善。

本书的特色主要体现在以下 5 个方面。

1. 校企"双元"联合开发，行业特色鲜明

本书由校企"双元"联合开发。编者均来自教学或企业一线，具有多年的教学、大赛或实践经验。在编写过程中，编者能紧扣建筑工程技术专业的培养目标，遵循教育教学规律和技术技能人才培养规律，将建筑 CAD 的新标准、新规范、新理论融入教材，符合当前企业对人才综合素质的要求。

2. 项目引领、任务驱动，强调"工学结合"

本书基于 AutoCAD 2023 软件，采用"项目引领、任务驱动"的编写理念，以台州市城乡规划设计研究院某小学教学楼、某别墅图纸设计等真实工程项目、典型工作任务、案例为载体组织建筑图纸绘制的教学内容，能够满足项目化、案例化等不同教学方式要求。例如，对于不但可以按照建筑平面图、立面图、剖面图的图形类别组合，进行模块化教学，还可以按照教学楼、别墅的建筑物类型重组，进行项目化教学。

本书包括 AutoCAD 基本操作、应用二维绘图命令、应用图形编辑命令、配置绘图环境、绘制建筑平面图、绘制建筑立面图、绘制建筑剖面图、绘制建筑结构平法施工图、绘制住宅装饰施工图 9 个项目务。每个项目包含多个任务，每个任务按照实际工作过程，以"任务描述""技能准备""知识铺垫""任务实施"等模块贯穿任务开展全过程，层层递进，环环相扣，具有很强的针对性和可操作性。此外，每个项目末的"直击工考"模块便于对学生的知识掌握、技能和素养提升情况进行三位一体的综合评价。

3. 体现以人为本，注重"岗课赛证"融通

本书编写基于技术技能人才成长规律和学生认知特点，以 CAD 建筑制图/绘图师岗位

需求为导向，以"建筑工程 CAD"课程为中心，将全国职业院校技能大赛（高职组）建筑工程识图赛项、全国职业院校技能大赛（中职组）建筑 CAD 赛项的内容、要求融入课程教学内容、课程评价，注重对接制图员职业资格证书、1+X 证书《建筑工程识图职业技能等级标准》要求，将岗位、课程、竞赛、职业技能等级证书进行系统融合，有效实现学历教育与岗位资格认证的双证融通。

4．融入思政元素，落实课程思政

为落实立德树人根本任务，充分发挥教材承载的思政教育功能，本书凝练项目任务中各思政教育映射点蕴含的思政元素，将精益化生产管理理念、规范意识、质量意识、效率意识、安全意识、团队意识、创新意识、职业素养、工匠精神的培养与教学内容相结合，可潜移默化提升学生的思想政治素养。

5．配套立体化的教学资源，便于实施信息化教学

为了适应线上线下混合式教学和学生随时随地移动学习，本书配套开发了微课、视频、动画、多媒体课件、工程图纸等立体化的教学资源。此外，书中穿插有丰富的二维码资源链接，通过手机等终端扫描后便可获取对应的教学资源。

本书由沈敬担任主编，何日荣、马志忠担任副主编，蔡旦辉、黄钰锈、应任萱、蔡悦、郑湘云、林麟参与编写。具体分工如下：沈敬编写项目 1～4，郑湘云编写项目 5，应任萱编写项目 6，黄钰锈编写项目 7，蔡旦辉编写项目 8，蔡悦编写项目 9。马志忠、林麟提供工程案例及素材支持。沈敬、郑湘云负责配套微课资源的设计与制作。沈敬、何日荣负责全书的框架设计及统稿、定稿。

在编写本书过程中，编者得到了台州市建筑业行业协会、台州市城乡规划设计研究院、产教融合合作单位及学校同人的大力支持，在此一并表示衷心的感谢！

由于编者水平有限，书中疏漏之处在所难免，恳请广大读者批评指正！

目　录

项目 1

AutoCAD 基本操作

>>>>>

◎ **项目导读**

  AutoCAD是美国Autodesk公司于21世纪80年代开发的CAD(computer aided design，计算机辅助设计) 软件，目前较新的版本为 AutoCAD 2023。

  本项目主要介绍 AutoCAD 的工作界面及文件管理、对象的选取及特性设置、辅助绘图工具的应用和坐标命令的输入等操作。

◎ **学习目标**

知识目标

1）掌握 AutoCAD 的启动方法。

2）熟悉 AutoCAD 的工作界面。

3）理解 AutoCAD 中的坐标系。

4）了解 AutoCAD 的绘图过程。

能力目标

1）能对图形文件进行管理。

2）能输入命令与数据。

3）能使用辅助绘图工具。

4）能进行图形的显示、缩放等操作。

素养目标

1）树立正确的学习观，坚定技能报国的信念。

2）培养职业认同感、责任感，自觉践行行业道德规范。

任务 1.1

熟悉 AutoCAD 界面

任务描述

1）启动 AutoCAD 软件，熟悉软件的操作界面，并切换到 AutoCAD 经典界面，进行工具栏的开启、移动、关闭等操作。

2）新建一个图形文件，绘制有意义的创意图形，保存并关闭文件。重新打开图形文件，再另存为一个文件，最后退出 AutoCAD 软件。

微课：熟悉 CAD 界面

技能准备

1. 启动 AutoCAD

AutoCAD 的启动方式有以下 3 种。

1）双击 Windows 桌面上的 AutoCAD 的快捷方式图标 。

2）选择系统任务栏中的"开始"→"所有程序"命令，再在其子菜单中选择 AutoCAD 选项即可。

3）在计算机中查找*.dwg 图形文件，双击文件启动 AutoCAD 并打开文件。

2. AutoCAD 的工作界面

AutoCAD 2023 默认的"草图与注释"工作界面如图 1-1 所示。

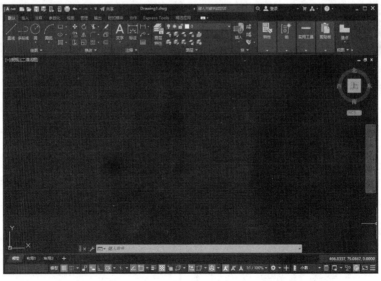

图 1-1 AutoCAD 2023 默认的"草图与注释"工作界面

3. 切换 AutoCAD 工作界面

AutoCAD 2023 默认提供"草图与注释""三维基础""三维建模"3 种工作界面，但无"AutoCAD 经典"工作界面，若习惯之前传统的操作界面，则可自主创建一个工作界面并保存，具体步骤如下。

1）在 AutoCAD 软件界面最左上方单击"自定义快速访问工具栏"下拉按钮 ▼，在弹出的下拉列表中选择"显示菜单栏"命令。

2）在菜单栏中选择"工具"→"选项板"→"功能区"命令，使功能区隐藏或显示。

3）在菜单栏中选择"工具"→"工具栏"→"AutoCAD"命令，在其子菜单中依次选择"标准""特性""图层""绘图""修改""标注""视口"等工具栏，并将这些工具栏布置在合适的位置。

4）在菜单栏中选择"工具"→"工作空间"→"将当前工作空间另存为"命令，在弹出的"保存工作空间"对话框中输入名称"CAD 经典界面"，然后保存即可。再在绘图区右击，在弹出的快捷菜单中选择"选项"命令，在弹出的"选项"对话框的"显示"选项卡中设置"颜色主题"为"明"，然后关闭对话框。AutoCAD 软件的经典界面如图 1-2 所示。

图 1-2 AutoCAD 软件的经典界面

4. 工具栏操作

1）在任意工具栏上右击，在弹出的快捷菜单中可以调用其他工具栏；拖动栏框的浅灰色边框可将其摆放到合适的位置。

2）单击工具栏按钮右侧的下拉按钮 ▼，可弹出一组选项列表；如果按钮右下角有 ◢ 符号，单击该按钮并按住鼠标左键会出现一组隐藏的按钮命令列表，选择相应的按钮命令，会执行相应的命令。

5. 新建图形文件

新建图形文件的方式有以下几种。

1）在菜单栏中选择"文件"→"新建"命令。

2）在标准工具栏中单击"新建"按钮□。

3）在命令行输入：New。

4）按 Ctrl+N 组合键。

以上任何一种方式都可以弹出"选择样板"对话框，如图 1-3 所示。用户可以选择 acdc.dwt 选项打开空白样板，或选择国家标准（以下简称国标）Gb 图形样板。

图 1-3　"选择样板"对话框

6. 保存图形文件

保存图形文件的方式如下。

1）在菜单栏中选择"文件"→"保存"命令。

2）在标准工具栏中单击"保存"按钮█。

3）在命令行输入：Save 或 Qsave。

4）按 Ctrl+S 组合键。

以上任何一种方式都可以弹出"图形另存为"对话框，可以为文件命名并存入硬盘指定的位置，扩展名为"*.dwg"。再次保存时则不再弹出此对话框，选择"另存为"命令进行保存时可重新设置文件名及路径。

7. 打开图形文件

打开图形文件的方式如下。

1）在菜单栏中选择"文件"→"打开"命令。

2）在标准工具栏中单击"打开"按钮🗁。

3）在命令行输入：Open。

4）按 Ctrl+O 组合键。

以上任何一种方式都可弹出"选择文件"对话框，按路径找到对应的文件，然后直接双击文件或选中文件后单击"打开"按钮即可。

8. 关闭图形文件

关闭 AutoCAD 软件及图形文件的方式如下。

1)在菜单栏中选择"文件"→"退出"命令。

2)在标题栏中单击"关闭"按钮 ✖ 。

3)在命令行输入:Quit 或 Exit。

4)按 Alt+F4 组合键。

在退出 AutoCAD 的同时,将关闭打开的所有图形文件,若当前有图形文件没有保存,则系统弹出提示对话框,如图 1-4 所示,用户单击"是"按钮保存文件,单击"否"按钮放弃保存,单击"取消"按钮返回 AutoCAD 界面。

图1-4 文件保存提示对话框

知识铺垫

AutoCAD 工作界面的各部分简要介绍如下。

1. 标题栏

标题栏显示 AutoCAD 软件的版本号及当前文件名,未保存时默认的图形文件名为 Drawing1.dwg(建议及时命名保存),右侧为控制窗口的"最小化"、"最大化/还原"和"关闭"按钮。标题栏的右侧有一个"搜索"文本框,输入关键字可搜索到相关的命令和信息。

2. 菜单栏

菜单栏中有文件、编辑、视图、插入、格式、工具、绘图、标注、修改、参数、Express、窗口和帮助共 13 个菜单。建议先浏览各菜单的所有命令,并在使用中逐步熟悉。

提示

菜单命令后面若有"▶"符号，则表示有下一级菜单；若有快捷键，则表示按快捷键可以直接执行命令；若有"..."符号，则表示选择该命令，可以弹出相应的对话框；若不带任何符号，则表示可以立即执行；若命令是灰色的，则表示当前不可用。

---

3. 工具栏

工具栏由一系列的图标按钮组成，每个按钮形象地表示一个常用命令，单击按钮即可执行相应的命令。将鼠标指针放在按钮上稍作停留，即可显示该命令的名称和命令功能与作用的描述。

4. 绘图区

绘图区是显示和绘制图形的工作区域，其中有十字光标、坐标系等。可在绘图区右击，在弹出的快捷菜单中选择"选项"命令，再在弹出的"选项"对话框的"显示"选项卡中，单击"颜色"按钮设置绘图区的颜色。

5. 模型/布局切换按钮

绘图区左下角是"模型/布局 1/布局 2"切换按钮，可方便地在模型空间与布局空间之间进行切换。模型空间用于设计图形，布局空间用于创建布局及打印图纸。用户默认的绘图空间是模型空间。

6. 命令行

命令行也称命令窗口或命令提示区，是人机交互的窗口，用于执行从键盘输入的命令，并显示命令提示和选项。在绘图时，初学者应更密切注意命令行的各种提示，熟悉各命令的相关选项，以便准确快速地绘图。

提示

拖动命令行的边框可以调整命令行的显示行数；按 F2 键可以打开命令的文本窗口，显示更多的操作记录；按 Ctrl+9 组合键可以打开或关闭命令行。

---

7. 状态栏

状态栏位于工作界面底部，用于显示或设置绘图状态，提供最常用绘图工具的访问。如图 1-5 所示，状态栏从左到右依次为实时坐标、快速查看工具、辅助绘图工具、注释工具、工作空间工具和自定义工具。

图 1-5　状态栏

8. 水平/垂直滚动条

水平/垂直滚动条分别位于绘图区下方的水平边沿和右侧的垂直边沿，其功能是通过沿水平或垂直方向移动滚动条来显示各绘图区域。

9. 鼠标指针的形状

将鼠标指针移动到软件界面的不同位置时，其形状及含义也各不相同，具体如表 1-1 所示。

表 1-1　鼠标指针的形状及含义

鼠标指针的形状	含义	鼠标指针的形状	含义
＋	正常绘图状态	↗	调整右上、左下大小
↖	指向状态	↔	调整左、右大小
＋	输入状态	↙	调整左上、右下大小
□	选择对象状态	↕	调整上、下大小
ℚ	实时缩放状态	✋	视图平移符号
▣	移动实体状态	I	插入文本符号
⇳	调整命令窗口大小	🖑	帮助超文本跳转

⚙ 任务实施

1）启动 AutoCAD 软件，熟悉软件的"草图与注释"操作界面，自定义 AutoCAD 经典界面并保存，切换工作空间，根据各自的需要打开或关闭一些工具栏，并布置到合适的位置。

2）新建一个图形文件，通过合作交流创作一个有意义的图形，以"学号+姓名"为文件名并保存在 D 盘一个以"学号"命名的新建文件夹中，关闭文件。然后重新打开此图形文件，以"学号+姓名+当前日期"为文件名另存文件，退出 AutoCAD 软件。最后提交两个图形文件。

任务 1.2　绘 制 小 城 堡

🧰 任务描述

启动 AutoCAD 软件，熟悉直线、圆、矩形、多边形、圆弧、椭圆、修订云线等命令的执行与重复执行、命令行的提示与交互、退出命令的使用，再练习撤销与重做操作；可绘制如图 1-6 所示（提倡自行创作图形，下同）的小城堡。熟练掌握图形的缩放、平移等操作。

图 1-6　小城堡

微课：绘制小城堡

🏵 技能准备

1. 输入命令

输入命令的方式如下。

1）在命令行通过键盘输入。例如，输入 Erase 命令即进行删除操作，大多数命令可以简化输入（见附录 3），不区分字母大小写。输入命令的前几个字母，命令行上方会出现相关命令供选择。

2）单击工具栏上的图标按钮。例如，在"修改"工具栏中单击"删除"按钮✍。

3）选择菜单栏中的相应命令。例如，选择菜单栏中的"修改"→"删除"命令。

以上 3 种方式是等效的，用户可按个人习惯选择熟练的一种方式，通常使用键盘输入简化命令最为快捷。

2. 选择命令提示项

例如，输入 C 画圆，命令行提示如下：

```
CIRCLE 指定圆的圆心或[三点(3P)/两点(2P)/切点、切点、半径(T)]:
指定圆的半径或[直径(D)] <30>:
```

1）"或"之前的选项为默认选项。

2）方括号中的"[三点（3P）/两点（2P）/切点、切点、半径（T）]"为可选项，中间用"/"隔开，若要选择某个选项，则需要输入圆括号中的数字和字母。

3）尖括号中的内容<30>是当前的默认值，若直接按 Enter 键，则值不改变，也可以输入新值后再按 Enter 键。

> **提示**
>
> 不同命令、不同阶段的命令行提示也不相同。若不注意命令行提示，用户答非所问，则会引起操作失误。因此，只有理解并熟悉命令行中的提示信息，才能快速作答，提高绘图速度。

---

3. 命令的执行、重复和终止

输入命令后，按 Enter 键或 Space 键直接执行。一条命令刚执行完成，再按 Enter 键或 Space 键可重复执行该条命令。在一个命令的执行过程中，按 Esc 键可退出命令。

> **提示**
>
> 右键快捷菜单是一种特殊形式的菜单，其中也有确认、取消、重复等命令，其命令内容取决于右击时鼠标指针所处的位置、选取的对象及当前的操作状态。使用快捷菜单可简化操作，提高效率。

---

4. 操作的放弃和重做

单击标准工具栏中的"放弃（回退）"按钮←·（或按 Ctrl+Z 组合键，或输入命令 Undo），可回退一步操作；单击"重做"按钮→·（或输入命令 Redo）则可重做一步操作。若单击图标右侧的下拉按钮，则可在弹出的下拉列表中放弃（或重做）多个操作步骤。

5. 缩放图形

缩放图形的方式如下。

1）选择菜单栏中的"视图"→"缩放"命令。

2）单击常用工具栏中的按钮🖐️±🔍🔲📐。4 个按钮依次是实时平移、实时缩放、窗口缩放、缩放上一个。

3）单击图形缩放工具栏中的按钮，如图 1-7 所示。各按钮从左到右依次是窗口缩放、动态缩放、比例缩放、中心缩放、缩放对象、放大、缩小、全部缩放、范围缩放。其中，"缩放对象"按钮的功能是将选中的对象最大化显示；"范围缩放"按钮的功能是将全部图形最大化显示。

图 1-7　图形缩放工具栏

4）在命令行输入：Z（Zoom 的缩写）。

```
命令行输入：Z
指定窗口角点,输入比例因子 (nX 或 nXP),或[全部(A)/中心点(C)/动态(D)/范围(E)/上
一个(P)/比例(S)/窗口(W)] <实时>:　　　//输入对应选项的字母
```

输入 A，然后按 Enter 键，可显示全图；输入 E，然后按 Enter 键，可最大限度地显示全图范围；输入 W，然后按 Enter 键，可用鼠标指针绘制出一个窗口，以显示窗口中的图形。

6. 操控图形

图形的显示控制最常用到的操作：绘图时滚动鼠标滚轮进行实时缩放；按住滚轮并拖动进行平移（或输入 P，或单击工具栏中的"平移"按钮🖐️）；单击"窗口缩放"按钮，在需要放大的区域用鼠标指针绘制一个矩形框来显示细节；双击滚轮可回到全图显示（找不到绘制的图形时，可使用此方法）。

⚙️ 任务实施

1）使用矩形或直线命令绘制所有的正方形和长方形轮廓，保证位置与大小合适。

2）使用多边形或直线命令绘制左侧顶部的正三角形，保证位置与大小合适。

3）使用圆命令绘制时钟，保证位置与大小合适。

4）使用圆弧命令绘制右侧的穹顶，再使用椭圆命令绘制椭圆窗，保证位置与大小合适。

5）使用修订云线命令绘制小树轮廓，再使用圆弧命令绘制枝干，保证位置与形状合适。

6）使用直线命令补充绘制所有的直线段，保证位置与长度合适。

提示

在没有学习修剪命令的情况下，可以通过选中对象、拖动其蓝色夹点来调整长度或形状。

任务描述

1）自行绘制一个创意图形（或如图 1-8 所示，两个矩形、一个五边形、一个圆、一段圆弧和两条直线组成的小屋），尝试以多种方式选取图形中的全部或部分对象。

2）参照表 1-2，应用对象特性工具栏设置颜色、线型、线宽，并调整不连续线型的比例因子，显示线宽。

微课：装饰小屋

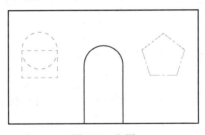

图 1-8 小屋

表 1-2 对象特性设置

特性	对象			
	大矩形	直线与圆弧	圆形及正方形	五边形
颜色	默认	索引 1	索引 6	索引 3
线型	默认	默认	Dashed	Center
线宽	0.5	0.3	默认	默认

技能准备

选择图形对象的方式有两种：一种是先选择对象，再执行命令；另一种是在执行命令的过程中按提示选择对象，且提示会重复出现，直到按 Enter 键或 Space 键结束选择。

1. 单选对象

当鼠标指针为小方框时称为拾取框，在命令执行的过程中可以直接用拾取框逐个选择少量、分散的对象，对象虚线显示即表示被选中。也可以在命令执行之前，使用十字光标中的拾取框逐个单击对象，对象虚线显示并出现蓝色夹点表示被选中（拖动夹点可以调整其形状）。

2. 窗选对象

窗口选择简称窗选，即用鼠标拖出一个窗口框来选择对象。

1）左窗选（W 窗选）：指利用鼠标指针从左向右来框选对象，如图 1-9（a）所示，可依次单击 A 处、C 处（或先 B 处后 D 处），选框呈淡紫色。只有完全位于该窗口内的对象（矩形和圆弧）才会被选中，如图 1-9（b）所示。与命令行提示"选择对象"时，输入 W 后按 Enter 键再框选的效果相同，故又称 W 窗选。

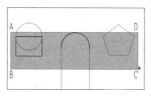 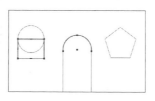

（a）左窗选操作　　　　　　　　（b）左窗选选中的对象

图 1-9　左窗选

2）右窗选（C 窗选）：指利用鼠标指针从右向左来框选对象，如图 1-10（a）所示，依次单击 H 处、F 处（或先 G 处后 E 处），选框呈淡绿色。只要对象位于窗口内（矩形、圆弧）或与窗口相交（圆形、两直线、多边形）都会被选中，如图 1-10（b）所示，故又称交叉窗口。与命令行提示"选择对象"时，输入 C 后按 Enter 键再框选的效果相同，故又称 C 窗选。

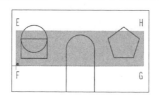 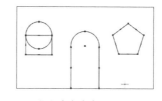

（a）右窗选操作　　　　　　　　（b）右窗选选中的对象

图 1-10　右窗选

> **提示**
>
> 按住 Shift 键，单击某个已选中的对象，可将其从选择集中排除出去。

3. 全选对象

未执行命令时，按 Ctrl+A 组合键可以选中绘图区的全部对象；或在命令行提示"选择对象"时，输入 ALL，然后按 Enter 键，也可全选对象。

4. 其他选取方式

在命令行提示"选择对象"时，若输入"?"，还会出现其他选择方式。

选择对象：？

需要点或窗口 (W) / 上一个 (L) / 窗交 (C) / 框 (BOX) / 全部 (ALL) / 栏选 (F) / 圈围 (WP) / 圈交 (CP) / 编组 (G) / 添加 (A) / 删除 (R) / 多个 (M) / 前一个 (P) / 放弃 (U) / 自动 (AU) / 单个 (SI) / 子对象 (SU) / 对象 (O)

其中，几种比较常用的选择方式如下。

1）栏选（F）：使用鼠标指针画线的方法选择对象，凡是与栏选线相交的对象都被选中，栏选画线可以封闭，也可以不封闭，如图 1-11（a）所示。栏线与圆形、圆弧、右侧直线及五边形相交，故这些图形均被选中，如图 1-11（b）所示。

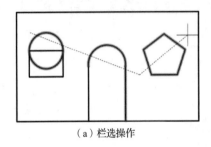 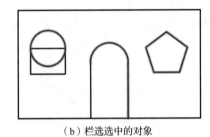

（a）栏选操作　　　　　　　　　　　　　（b）栏选选中的对象

图 1-11　栏选

2）圈围（WP）：使用鼠标指针绘制多边形进行选择，只有位于多边形中的对象才能被选中。该多边形任何时候都是封闭的，且形状随意。

3）圈交（CP）：与圈围类似，区别是与该多边形相交的对象也能被选中。

提示

处于选中状态的对象，可按 Esc 键取消对象的选择。在绘图中，若有些对象看得到但选不中，则原因可能是此对象位于被锁定或冻结的图层中。

---

5. 设置对象特性

在对象特性工具栏对应的下拉列表中，可为对象选择不同的颜色、线型、线宽，如图 1-12 所示。

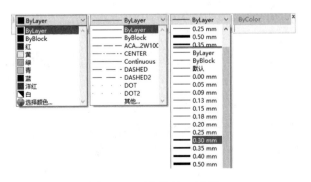

图 1-12　对象特性工具栏

（1）设置颜色

可在颜色下拉列表中直接选择有名称的颜色，也可以选择"选择颜色"命令，在弹出的"选择颜色"对话框中选择更多的颜色。

（2）设置线型

在选择线型时，默认只有连续线型（Continuous），选择"其他"命令，在弹出的"线型管理器"对话框中单击"加载"按钮，在弹出的"加载或重载线型"对话框中可选择需要加载的线型。通常需要加载点画线（Center）、虚线（Dashed）等线型。

（3）设置线宽

设置线宽比较简单，但需要按下状态栏中的辅助绘图工具按钮 ，才能看到线宽效果。

提示

ByLayer（随层）是指对象在哪个图层，就按该图层的特性显示；ByBlock（随块）是指当该对象定义到块中时，不论插入哪个图层，其颜色、线宽和线型都会继承块本身的定义。在学习图层后，一般设置为 ByLayer（随层）类型，以便于管理对象。

---

6. 设置线型比例

若设置为不连续的线型，则看到的间距不正常，可选择菜单栏中的"格式"→"线型"命令，在弹出的"线型管理器"对话框中单击"显示细节"按钮，再设置全局比例因子或当前对象缩放比例因子，使不连续线型的间距大小合适即可。也可以双击不连续的线条（或选中不连续的线条后按 Ctrl+1 组合键），在弹出的"特性"面板中设置合适的线型比例。

任务实施

1）自行创作一个图形（或绘制如图 1-8 所示的小屋），尝试使用单选、左/右框选、全选、栏选等方式选取图形对象。

2）分别单选大矩形、五边形，设置其颜色、线宽和线型（可自创），并显示线宽。

3）分别框选直线与圆弧、圆形与正方形，设置其颜色、线宽和线型，并调整不连续线型的比例因子。

图 1-13　五环旗

任务拓展

如图 1-13 所示，使用直线、样条曲线、圆命令绘制五环旗；再使用对象特性工具栏设置线宽并显示效果，设置颜色（五环从左至右，上行为蓝、黑、红，下行为黄、绿），设置线型并调整比例因子。

绘制自行车

任务描述

使用辅助绘图工具，绘制如图 1-14 所示的自行车，保证两车轮平齐，大链轮在两车轮中间，所有直线段均按 15°倍角方向绘制；保证三角档线段垂直、车把手线段平行、链条与链轮相切、车座与交点及象限点对齐等关系；其他线条自由发挥，若有时间，请添加更多自行车组件。

微课：绘制自行车

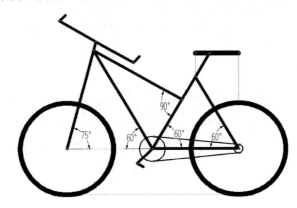

图 1-14　自行车

技能准备

辅助绘图工具是指状态栏上的 10 个按钮，如图 1-15 所示，从左到右依次是：显示图形栅格、捕捉模式（栅格捕捉/极轴捕捉）、推断约束、动态输入、正交限制光标、按指定角度限制光标、等轴测草图（左等轴测平面/顶部等轴测平面/右等轴测平面）、显示捕捉参数线、将光标捕捉到二维参照点（各种对象捕捉方式）、显示/隐藏线宽。在按钮上右击，会有对应的设置命令，选择相应的命令即可打开相应的设置对话框。

图 1-15　辅助绘图工具

1. 栅格操作

（1）开启栅格

单击"显示图形栅格"按钮⊞（或按 F7 键），在绘图区中出现栅格点，相当于坐标纸，用于显示图幅范围，也可以用作绘图时尺寸的参考，如图 1-16 所示。

（2）设置栅格

右击"图形显示栅格"按钮⊞，在弹出的快捷菜单中选择"网格设置"命令（或在菜单栏中选择"工具"→"绘图设置"命令），在弹出的"草图设置"对话框中选择"捕捉和栅格"选项卡，如图1-17所示。在该选项卡中可以设置栅格间距值，X、Y 两轴之间的间距一般设为相同，也可以不同。

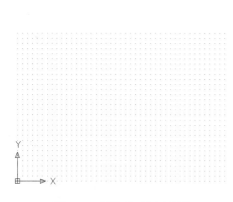

图1-16 栅格显示图形界限　　　　图1-17 "捕捉和栅格"选项卡

提示

栅格点只是参考网格点，不是图形的一部分，是不会打印输出的；栅格间距不能设置得太小，否则无法显示。

---

2. 捕捉操作

捕捉与栅格操作一般配合使用。在"草图设置"对话框中，选中"启用捕捉"复选框，相当于单击"捕捉模式"下拉按钮 ⋮⋮ ▾，在弹出的下拉列表中选择"栅格捕捉"命令（或按F9键），此时鼠标指针只能在栅格点上进行跳跃式移动。"捕捉设置"与"网格设置"的方法基本相同。

注意

1）若关闭栅格，开启捕捉，则鼠标指针会在绘图区跳跃移动，这不是AutoCAD软件出错。

2）当栅格和捕捉的间距不一致时，鼠标指针捕捉点与栅格点不一一对应。

3）栅格点只显示在图形界限范围内，而捕捉没有图形界限的限制。

---

3. 推断约束

单击"推断约束"按钮🖫，会在创建和编辑几何对象时自动应用几何约束。在此按钮上右击，在弹出的快捷菜单中选择"推断约束设置"命令，在弹出的对话框中可以设置垂直、平行、相切、共线、同心、对称等多种约束方式。

4. 动态输入

单击"动态输入"按钮 ⊹ （或按 F12 键），在鼠标指针附近将显示一个命令输入界面并显示动态信息，且该信息会随着鼠标指针的移动而更新。在此按钮上右击，在弹出的快捷菜单中选择"动态输入设置"命令，在弹出的对话框中可以设置动态输入的方式及提示内容。动态输入不会取代命令行，但开启动态输入之后，可隐藏命令行以增加绘图区。

5. 正交操作

单击"正交限制光标"按钮 ⌐ （或按 F8 键），只能绘制坐标系 X 轴或 Y 轴的平行线段，此时移动、复制对象也只能沿水平或垂直方向进行。

6. 极轴追踪

（1）开启极轴追踪

单击"按指定角度限制光标"按钮 ⊙ ▾ （或按 F10 键），AutoCAD 软件将按预设的增量角及其倍角（单击 ▾ 下拉按钮显示预设角度）引出相应的极轴追踪线，便于用户沿此角度线定位找点，如图 1-18 所示。

（2）设置极轴角

右击"按指定角度限制光标"按钮，在弹出的快捷菜单中选择"正在追踪设置"命令（或在菜单栏中选择"工具"→"绘图设置"命令），在弹出的"草图设置"对话框中选择"极轴追踪"选项卡，如图 1-19 所示，在该选项卡中可以进行极轴增量角、附加角（可添加 10 个，只追踪所设置的角度、没有增量角）、对象捕捉追踪等设置。

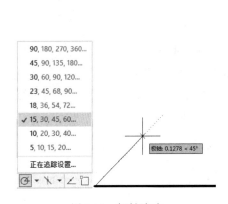

图 1-18　极轴追踪

图 1-19　"极轴追踪"选项卡

提示

通常将极轴增量角设置为 15°，就能捕捉到常用特殊角的追踪线。

---

7. 等轴测草图

单击"等轴测草图"按钮 ⦜ ▾ 可开启等轴测绘图模式，单击其右侧的下拉按钮 ▾，可以将绘图面切换到左等轴测面、顶部等轴测面或右等轴测面。

8. 对象捕捉追踪

单击"显示捕捉参照线"按钮 ∠，系统以图形上的捕捉点作为参照点，出现追踪路径（水平、垂直或极轴角方向追踪线），利用此功能可以方便地捕捉到满足"长对正、高平齐"的点。如图 1-20 所示，对象捕捉追踪到极轴−60°方向上与矩形角点平齐的交点。

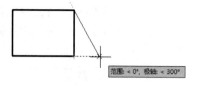

图 1-20　对象捕捉追踪

提示

对象捕捉追踪必须与固定对象捕捉及极轴追踪配合使用。若知道要追踪的方向（角度），则使用极轴追踪；若知道与其他对象的某种关系（如相交），则使用对象捕捉追踪。在"极轴追踪"选项卡中可以将对象捕捉追踪设置为"仅正交追踪"或"用所有极轴角设置追踪"。

---

9. 对象捕捉

（1）开启对象捕捉

单击"将光标捕捉到二维参照点"按钮 □ ▾（或按 F3 键），将鼠标指针移动到设置的捕捉点附近时，该点亮显，单击即可拾取该点，如图 1-21 所示。

（2）设置对象捕捉

对象捕捉有固定目标捕捉和临时目标捕捉两种方式，具体设置操作如下。

1）固定目标捕捉。右击"将光标捕捉到二维参照点"按钮，在弹出的快捷菜单中选择"对象捕捉设置"命令（或在菜单栏中选择"工具"→"绘图设置"命令），在弹出的"草图设置"对话框中选择"对象捕捉"选项卡，如图 1-22 所示。在该选项卡中可以选择对象捕捉模式。

图 1-21　对象捕捉

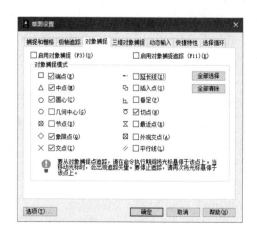

图 1-22　"对象捕捉"选项卡

2）临时目标捕捉。临时目标捕捉是临时性的，会暂时屏蔽固定目标捕捉，且捕捉只能应用一次。临时目标捕捉的 3 种启动方式如下。

① 按住 Shift 键，在绘图区右击，在弹出的快捷菜单中选择临时捕捉的方式，如图 1-23 所示。

② 在对象捕捉工具栏中选择临时捕捉的方式，如图 1-24 所示。

图 1-23　临时捕捉的方式　　　　　　　图 1-24　对象捕捉工具栏

其中，"临时追踪点"一般用于绘制第一点时的追踪，临时建立一个暂时的捕捉点，作为后续绘图的参考点。"捕捉自"一般用于绘制第二点，单击"捕捉自"按钮，再利用鼠标指针拾取基点并导向，在命令行输入相对于基点的坐标增量，然后按 Enter 键即可。

③ 在命令行输入对象捕捉的简化命令，如输入 mid 则捕捉中心，输入 end 则捕捉端点，输入 cen 则捕捉圆心等。

10. 线宽设置

单击"显示/隐藏线宽"按钮 ，可显示线宽效果。右击该按钮，在弹出的快捷菜单中选择"线宽设置"命令（或在菜单栏中选择"格式"→"线宽"命令），弹出"线宽设置"

对话框，如图 1-25 所示。在该对话框中设置需要的线条即可。

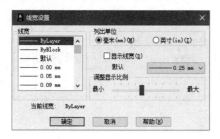

图 1-25　"线宽设置"对话框

> **注意**
>
> 在绘图的过程中建议显示线宽，便于及时检查绘制的线条是否符合国标的要求；否则，图形线条越画越多，越到最后越难发现错误。

> **小技巧**
>
> 绘图时，可用十字光标捕捉到某对象的特殊点，然后沿某极轴追踪线移动导向，并在命令行输入距离值，即可按相对方向及距离找到坐标点，这种追踪导向法很常用。

知识铺垫

1. 对象捕捉的名称及功能

对象捕捉的名称及功能如表 1-3 所示。

表 1-3　对象捕捉的名称及功能

对象捕捉的名称	功能
临时追踪点	临时建立一个暂时的捕捉点
捕捉自	设置一个基准点，相对此点进行另一个位置的定位
捕捉到端点	用于捕捉直线、弧线、多段线等各线段端点
捕捉到中点	用于捕捉直线、圆弧、多线、面域、样条曲线等线的中点
捕捉到交点	用于捕捉直线、圆弧、多段线、样条、构造线等对象的平面交点
捕捉到外观交点	用于捕捉三维空间未相交，但在二维视图中相交的两对象的交点
捕捉到延长线	用于捕捉选定对象的延长线上的一点
捕捉到圆心	用于捕捉圆、圆弧、椭圆、椭圆弧等圆心点
捕捉到象限点	用于捕捉圆、圆弧、椭圆、椭圆弧等在 0° 及 90° 倍角上的点
捕捉到切点	用于捕捉选取点与所选圆、圆弧、椭圆或样条曲线上相切的切点
捕捉到垂足	用于捕捉选取对象和选取点的垂直交点
捕捉到平行线	用于捕捉以选定对象作为平行基准所显示出的一条临时平行线
捕捉到插入点	用于捕捉文字、属性、块的插入点
捕捉到节点	用于捕捉点对象、尺寸定义点、尺寸文字定义点等
捕捉到最近点	用于捕捉对象上最靠近十字光标的点
无捕捉	用于取消捕捉模式
对象捕捉设置	用于打开"草图设置"对话框并在"对象捕捉"选项卡中进行设置

2. 点过滤器

AutoCAD 软件还提供了一种称为点过滤器的功能，提示指定点时，在命令行输入".X"；命令行接着提示"…于"，若此时捕捉选取 A 点，则命令行接着提示"…于（需要 YZ）："；若此时再捕捉选取 B 点，那么系统就会自动捕捉到坐标为(X_A,Y_B)的指定点。

⚙ 任务实施

> **提示**
>
> 任何一个图形的绘制方法与步骤都比较多，为了不局限作图思维，鼓励思考探究和个性化创作，本书没有提供详细的绘制过程，仅给出一些关键的操作提示。对于任务描述中直观明了的图形，甚至不再提供任务实施步骤（下同）。

自行车的绘制步骤如表 1-4 所示。

表 1-4　自行车的绘制步骤

绘制示意图	绘制提示
	1）开启对象捕捉及对象捕捉追踪，使用圆命令绘制车轮，应用对象捕捉追踪保证两个车轮等高、平齐，并且间距合适
	2）开启极轴追踪，并设置极轴增量角为15°，使用直线命令捕捉两车轮连线的中点，沿 60°、120°极轴方向绘制车架，捕捉前轮圆心，沿 75°方向绘制前叉，注意长度合适
	3）使用直线命令沿 150°、330°、45°方向绘制两侧车把手（或开启"推断约束"用来参照），注意大小比例协调
	4）使用直线命令捕捉前叉与三角档的交点，用临时捕捉垂足方式绘制 90°三角档（或参照推断约束）；用捕捉追踪交点与象限点方式并使用直线命令绘制车座的水平线段
	5）在对应位置绘制大、小链轮，使用直线命令和临时捕捉切点的方式绘制链条的上、下两个直线段；沿合适的极轴方向补上脚踏线段； 6）请根据你对自行车的观察，使用绘图辅助工具，添加更多的组件

> **提示**
>
> 若出现追踪导向找点不正确，则单击工具栏中的"捕捉自"按钮或按住 Shift 键的同时在绘图区右击，在弹出的快捷菜单中选择"自"命令，先选取基点再输入距离即可。

任务拓展

　　请充分使用辅助绘图工具，仿照绘制如图 1-26 所示的小房子。其中，端点标注为特殊点的直线段，应捕捉对应的特殊点并连接其余直线段都绘制成 15° 倍角的特殊角。小房子通过对象捕捉追踪，既能保证结构对称，又能保证端点、中点或中心等特殊点相互之间的对齐。

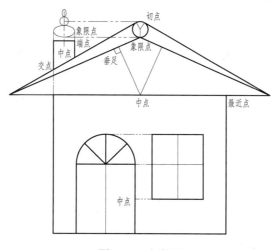

图 1-26　小房子

绘 制 桁 架

任务描述

　　如图 1-27 所示，桁架主要由 6 个边长分别为 300、400、500 的直角三角形构成，请合理选择数据的输入方式，尽量快速、连贯地绘制 6 个直角三角形，然后连接上边的 4 条线段（简洁的绘制方法可参照"任务实施"部分）。微课：绘制桁架

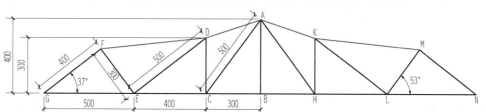

图 1-27　三角桁架

技能准备

如图 1-28 所示，使用 5 种不同的坐标输入方式画出斜线段 *ab*。

命令:l   //画直线

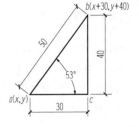

图 1-28 绘制线段

1）使用绝对坐标输入：

LINE 指定第一点:x,y   //（x,y）起点坐标,输入预设
的某特殊值
指定下一点或 [放弃(U)]:x+30,y+40 //注意：输入的是计算结果

2）使用相对直角坐标输入：

LINE 指定第一点：   //任意拾取一点
指定下一点或 [放弃(U)]:@30,40

3）使用相对极坐标输入：

LINE 指定第一点：   //任意拾取一点
指定下一点或 [放弃(U)]:@50<53

4）使用极坐标法分步输入：

LINE 指定第一点   //任意拾取一点
指定下一点或 [放弃(U)]:<53
角度替代: 53
指定下一点或 [放弃(U)]:50   //保证光标在 53°追踪线上再输入

5）追踪导向输入：

LINE 指定第一点   //任意拾取一点
指定下一点或 [放弃(U)]:30   //保证光标在水平向右追踪线上再输入
指定下一点或 [放弃(U)]:40   //保证光标在垂直向上追踪线上再输入
指定下一点或 [闭合(C)/放弃(U)]: //捕捉第一点或输入 C 后按 Space 键

知识铺垫

AutoCAD 软件中有两种坐标系：一种是世界坐标系（world coordinate system，WCS），是固定不可更改的；另一种是用户坐标系（user coordinate system，UCS），由用户相对 WCS 进行移动、旋转而创建的坐标系。WCS 遵循右手定则，即 X 轴是水平方向，Y 轴是垂直方向，Z 轴垂直于 XY 平面指向屏幕外侧，原点是左下角坐标轴交点（0,0,0）。UCS 默认情况下与 WCS 重合，与 WCS 的区别在于其原点没有小方框。

1. 动态坐标数据输入

当鼠标指针在绘图区移动时，状态栏左侧显示光标当前的坐标值，并随鼠标指针的移动而动态更新。此时，用户可以在屏幕拾取点，也可以在命令行输入点坐标来确定。

当在"草图设置"对话框的"动态输入"选项卡中选中"在十字光标附近显示命令提

示和命令输入"复选框，并按下"动态输入"按钮后，即可在鼠标指针附近的工具栏中输入坐标。

> **注意**
>
> 动态坐标的输入状态，系统默认第一点坐标为绝对坐标，后续点为相对坐标。若后续点要输入绝对坐标，则应在坐标前输入"#"，如"#60,0"。

2. 常规坐标数据输入

当关闭动态坐标输入后，就需要在命令行输入坐标。

（1）两种坐标系

1）直角坐标系：由一个坐标原点(0,0)和通过原点相互垂直的两条坐标轴构成，其中，X 坐标轴水平向右为正方向，Y 坐标轴垂直向上为正方向。平面上任意一点的坐标 $P(x,y)$（正方向为正值、负方向为负值）如图 1-29（a）所示。

2）极坐标系：由一个极点和极轴构成，极轴方向为水平向右。平面上的任意一点 P 由该点到极点的连线长度 l 和该连线与极轴的夹角 α 定义，用 $l<\alpha$ 表示（α 水平向右为 0°，逆时针为正值、顺时针为负值），如图 1-29（b）所示。

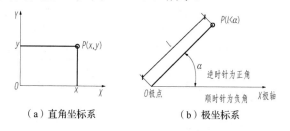

（a）直角坐标系　　　　　（b）极坐标系

图 1-29　两种坐标形式

（2）点坐标的表示方法

1）绝对坐标：基于当前坐标系原点的坐标。若图形都要参照坐标系原点作图，则有很大的局限性，因此，作图时很少使用绝对坐标。

2）相对坐标：相对于上一个输入点之间的坐标增量。根据图形标注的尺寸及角度，很容易确定图形上各点的相对坐标，因此，作图时较常用相对坐标。

坐标的输入方法如表 1-5 所示。

表 1-5　坐标的输入方法

方式	表示方法		输入格式	说明
键盘输入	绝对坐标	直角坐标	x,y	相对于原点的两个方向的坐标值
		极坐标	$l<\alpha$	与极点的连线长度 l 和夹角 α
	相对坐标	直角坐标	$@\Delta x, \Delta y$	相对上一作图点的坐标增量
		极坐标	$@l<\alpha$	与上一作图点的连线长度 l 和夹角 α
鼠标输入	一般位置点		直接鼠标指针拾取	状态栏左侧有当前坐标的提示
	特殊点、特征点		利用对象捕捉功能	要预先设置并开启对象捕捉功能

<table>
<tr><td>注意</td></tr>
<tr><td>输入坐标时，小数点及符号等都必须在英文半角状态下输入。</td></tr>
</table>

（3）追踪导向输入

一般图形中出现较多的还是正交线段，此时，可开启正交模式，鼠标指针沿画线方向移动导向，然后从键盘输入线段长度即可。

在绘制一些特殊角度线时，可在"草图设置"对话框的"极轴设置"选项卡中设置合理的增量角，并开启极轴追踪，鼠标指针沿极轴追踪线方向移动导向，然后直接输入长度。

任务实施

桁架的绘制步骤如表 1-6 所示。

表 1-6　桁架的绘制步骤

绘制示意图	绘制提示
	1）绘制△ABC：①在绘图区拾取任意点为 A 点，开启极轴追踪（增量角设为 15°），向下垂直导向，输入 400 绘制线段 AB；②再向左水平导向，输入 300 绘制线段 BC；③连接线段 CA
	2）绘制△DCE：①开启对象捕捉追踪，捕捉 C 点，向上捕捉追踪，输入 300 找到 D 点，连接 DC；②向左水平导向，输入 400 绘制线段 CE；③连接线段 ED
	3）绘制△EGF：①捕捉 E 点，向左水平导向，输入 500 绘制线段 EG；②输入@400<37 绘制线段 GF；③连接线段 FE
	4）使用类似的方法绘制右侧 3 个直角三角形；其中△LMN 建议画法：①捕捉 L 点，向右对象捕捉追踪，输入 500 找到 N 点，连接 NL；②输入@300<53 绘制线段 LM；③连接线段 MN
	5）最后连接线段 FD、DA、AK、KM 得到完整的桁架

任务拓展

按尺寸绘制如图 1-30 所示的图形（提示：拖动夹点可以调整线段的长度）。

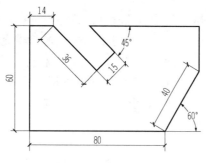

图 1-30　直线图形

直 击 工 考

一、填空题

1．命令行的方括号中为命令的可选项，若要选择某个选项，则需要输入该选项圆括号中的_____。

2．按_____组合键可以放弃（回退）一定步数的操作。

3．通过对象特性工具栏可以为对象选择不同的_____、_____和_____。

4．对象捕捉的方式有两种：一种是_____，另一种是_____。

5．输入坐标时，小数点及符号等都要在_____状态下输入。

二、选择题

1．将绘制的图形保存为 CAD 图形文件的扩展名为（　　）。

A．*.dwg　　　　　　B．*.dwt　　　　　　C．*.dwf　　　　　　D．*.dxf

2．在 AutoCAD 软件中，正交方式的开关快捷键是（　　）。

A．F6　　　　　　　　B．F7　　　　　　　　C．F8　　　　　　　　D．F9

3．在工作中移动图形时，可使用（　　）方式实现。

A．按 Ctrl+P 组合键　　　　　　　　B．按下鼠标右键拖动

C．按住鼠标滚轮拖动　　　　　　　　D．按下鼠标左键拖动

4．下列关于选取对象的说法中，不正确的是（　　）。

A．直接单击所要选取的对象

B．先单击左上角，再向右下角拖动并单击，框在选择框内的对象被选中

C．先单击右下角，再向左上角拖动并单击，与选择框相交的对象被选中

D．按 Alt+A 组合键可以选中绘图区的所有对象

5．画完一幅图后，要保存该图形为模板文件时，使用（　　）作为扩展名。

　A．*.cfg　　　　　B．*.dwt　　　　　C．*.bmp　　　　　D．*.dwg

三、判断题

1．在 AutoCAD 中，栅格点是绘图的辅助点，会出现在打印输出的图样上。（　　）

2．在 AutoCAD 中，窗选对象时，也可以选择与窗口相交的对象。（　　）

3．绝对坐标是以直角坐标表示的，相对坐标是以极坐标表示的。（　　）

4．在 AutoCAD 软件中，Zoom 命令可以改变图形的实际大小。（　　）

5．用户在绘图期间可以开启或关闭任意一个工具栏。（　　）

四、操作题

1．将文件命名为"任务 1"保存至计算机，保存格式为*.dwg。并将此文件通过考试平台中的"绘图任务文件上传"功能，单击任务 1 对应的"选择文件"按钮进行上传，显示"已上传"即完成本题的所有操作。（1+X 考证试题）

2．文件夹命名要求：每个参赛队在 A 机位的 D 盘根目录下新建文件夹，文件夹以机位号命名，A 机位是队长机位，为成果提交机位。例如，参赛队（302A 和 302B）即赛区号为"3"，机位组号为"02"，文件夹名称为"302"。（国赛试题）

2 项目

应用二维绘图命令

>>>>

◎ **项目导读**

　　本项目通过绘制常见的生活设施、生活用品和几何图形，来介绍建筑施工图中常用的直线类、曲线类、点等图形绘制命令，以及图案填充、图块等命令。

◎ **学习目标**

知识目标

1）掌握绘图工具栏、菜单栏中常用绘图命令的使用方法。
2）掌握常用绘图命令在命令行的简化输入方法。

能力目标

1）能熟练使用工具栏和菜单栏中的绘图命令。
2）能对绘图命令行的选项进行设置。

素养目标

1）在绘制过程中培养专注、细致、严谨、负责的工作态度。
2）树立规则意识、质量意识，规范操作，精益求精。

绘制床铺

 任务描述

使用直线、构造线等命令，按尺寸绘制床铺，如图 2-1 所示（床单掀开部分按∠BAD=∠DAC，使用构造线画出∠BAC 的平分线）。

微课：绘制床铺

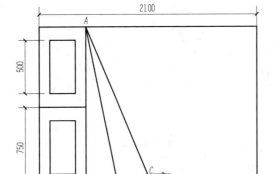

图 2-1 床铺

技能准备

1. 绘制直线

绘制直线的方式如下。

1）在菜单栏中选择"绘图"→"直线"命令。

2）在绘图工具栏中单击"直线"按钮。

3）在命令行输入：L（LINE 的简化）。

提示

常用命令简化形式见附录 3，输入命令后按 Enter 键或 Space 键开始执行，下同。

输入 L 命令后，命令行会出现以下提示信息：

```
line 指定第一点：              //可以输入坐标,也可以直接拾取或捕捉某一点
    指定下一点或 [放弃(U)]：      //可以拾取或捕捉一点,也可以输入直线长度
    指定下一点或 [闭合(C)/放弃(U)]：
```

各选项的说明如下。

① 放弃（U）：放弃刚指定的一点，用于及时纠正指定错误的点。

② 闭合（C）：直接用直线与第一点相连，封闭该图形。

2. 绘制构造线

绘制构造线的方式如下。

1）在菜单栏中选择"绘图"→"构造线"命令。

2）在绘图工具栏中单击"构造线"按钮 。

3）在命令行输入：XL（XLINE 的简化）。

输入 XL 命令后，命令行会出现以下提示信息：

```
XLINE 指定点或[水平(H)/垂直(V)/角度(A)/二等分(B)/偏移(O)]：
```

各选项的说明如下。

① 指定点：可以输入坐标，也可以拾取一点，系统再提示指定通过点。

② 水平（H）：画水平线。系统连续提示指定通过点，可画出一组水平线。

③ 垂直（V）：画垂直线。系统连续提示指定通过点，可画出一组垂直线。

④ 角度（A）：画角度线。系统提示指定角度，再连续提示指定通过点，可画出一组角度平行线。

⑤ 二等分（B）：画角平分线。系统提示指定起点，再连续提示指定端点，可画出对应角的平分线。

⑥ 偏移（O）：同偏移命令（具体内容将在项目 3 中进行介绍）。

构造线常用来绘制三视图的布局参考线，或作为绘图辅助线使用。

任务实施

床的绘制步骤如表 2-1 所示。

表 2-1　床的绘制步骤

绘制示意图	绘制提示
	1）使用正交导向法绘制床轮廓，从左侧角点使用追踪找点法绘制线段 *AB*，使用捕捉中点法绘制中间的水平短线段

续表

绘制示意图	绘制提示
	2）相对直角坐标绘制出斜线段（或绘制斜线段的两直角边）作为辅助线，绘制两个长方形后，删除辅助线
	3）从 A 点使用命令 "@600,–1375" 直接绘制线段 AC（或从 B 点使用命令 "@600,125" 绘制线段 BC，连接线段 CA 后删除线段 BC）
	4）通过构造线的 "二等分（B）" 选项，画出∠BAC 的平分辅助线，连接线段 AD、DC 后，删除辅助线

 任务拓展

1）已知一个三角形如图 2-2（a）所示，利用构造线找出其内心（角平分线交点即内切圆圆心）和外心（边的中垂线交点即外接圆圆心），要求绘制圆以检验找点是否准确。

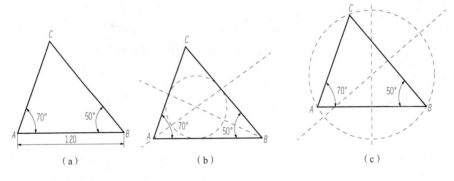

图 2-2 三角形找内外心

> **提示**
>
> 求内心时，应使用构造线命令的 "二等分" 选项画出两条角平分线，求得交点，如图 2-2（b）所示；求外心时，可灵活应用构造线命令的 "垂直" "角度" 等选项画出两条边的中垂线，求得交点，如图 2-2（c）所示。

2）使用直线命令绘制直线图形，如图 2-3 所示。

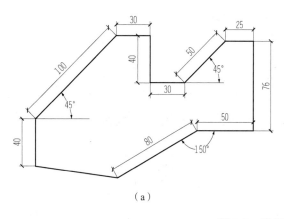

（a）

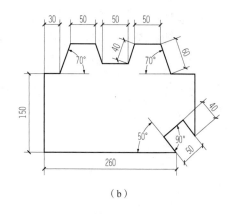

（b）

图 2-3 直线图形

任务 2.2

绘 制 徽 标

任务描述

使用圆、圆弧等命令，参照如图 2-4 所示的尺寸，绘制徽标；要求绘制各段圆弧时，尽量使用不同的方法。

技能准备

1. 绘制圆

绘制圆的方式如下。

1）在菜单栏中选择"绘图"→"圆"命令。

2）在绘图工具栏中单击"圆"按钮 。

3）在命令行输入：C（CIRCLE 的简化）。

输入 C 命令后，命令行会出现以下提示信息：

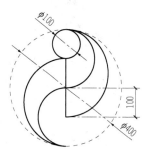

图 2-4 徽标

```
CIRCLE 指定圆的圆心或[三点(3P)/两点(2P)/相切、相切、半径(T)]：
```

CAD 提供了 6 种绘制圆的方式，如图 2-5 所示。

1）默认方式：指定圆心和半径。

2）指定圆心后输入直径：指定圆心和直径。

3）两点（2P）：以两点连线作为直径，连线中点为圆心。

4）三点（3P）：指定圆上的 3 个点。

5）相切、相切、半径（T）：指定两个切点及半径。

6）相切、相切、相切：指定 3 个切点（该命令在"绘图"菜单中）。

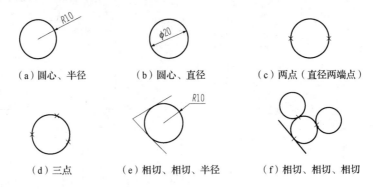

（a）圆心、半径　　　　（b）圆心、直径　　　　（c）两点（直径两端点）

（d）三点　　　　（e）相切、相切、半径　　　　（f）相切、相切、相切

图 2-5　圆的 6 种绘制方法

图 2-6　圆弧绘制方法

2. 绘制圆弧

绘制圆弧的方式如下。

1）在菜单栏中选择"绘图"→"圆弧"命令。

2）在绘图工具栏中单击"圆弧"按钮 。

3）在命令行输入：A（ARC 的简化）。

AutoCAD 提供的绘制圆弧的基本方法有 10 种，如图 2-6 所示。每一种圆弧绘制方法的每一步操作，在命令行通常也有多个选项，此处不作一一介绍，请在练习中探究适合自己的绘制方法。

> **注意**
>
> 指定圆弧包含角时，AutoCAD 默认从起始点向终点沿逆时针绘制圆弧。若要绘制一个往下凹的圆弧，则命令行提示"指定包含角"时输入正角度；若要绘制一个往上凸的圆弧，则命令行提示"指定包含角"时输入负角度。

绘制圆弧的方法及选项太多，不便选择时，可以考虑先绘制圆，再修剪得到圆弧。

⚙ **任务实施**

徽标的绘制步骤如表 2-2 所示。

表 2-2　徽标的绘制步骤

绘制示意图	绘制提示
	1）使用圆命令绘制大圆，并设置为虚线； 2）使用圆弧命令绘制通过大圆圆心及上、下象限点的两段半圆弧

续表

绘制示意图	绘制提示
	3）使用圆弧命令，尝试以多种不同的方法，绘制通过两个半圆弧圆心及大圆上、下象限点的两段圆弧
	4）使用"相切、相切、相切"圆命令绘制上面的小圆；再使用直线命令连接线段

🔧 **任务拓展**

1）灵活使用圆命令的多种方法，绘制如图 2-7 所示的 3 个图形。

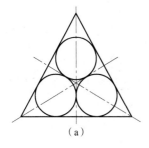 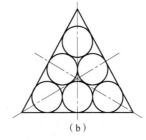 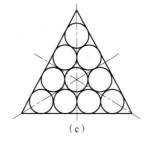

（a）　　　　　　　（b）　　　　　　　（c）

图 2-7 练习图形

提示

先绘制正三角形 3 条边的垂线，然后使用相切、相切、相切法即可绘制小圆。

2）如图 2-8 所示，直接利用栅格功能或先绘制水平与垂直间距相等的格子，再尝试使用各种绘制圆弧的方法绘制 9 段圆弧。

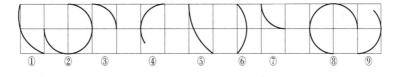

① ② ③ ④ ⑤ ⑥ ⑦ ⑧ ⑨

图 2-8 圆弧练习图形

提示

绘制方法提示如下。

1）使用三点法（起点、圆弧上点、端点）绘制第 1 段圆弧。

2）使用起点、圆心、端点法绘制第 2 段圆弧（默认逆时针画弧）。

3）使用起点、圆心、角度法绘制第 3 段圆弧（角度为-90°）。

4）使用起点、圆心、长度法绘制第 4 段圆弧（弦长为格子间距的 1.5 倍）。

5）使用起点、端点、角度法绘制第 5 段圆弧（角度为 60°）。

6）使用起点、端点、方向法绘制第 6 段圆弧（方向指向-45°）。

7）使用起点、端点、半径法绘制第 7 段圆弧（半径即格子间距）。

8）使用圆心、起点、端点法绘制第 8 段圆弧（如同圆规逆时针画圆）。

9）使用圆心、起点、角度法绘制第 9 段圆弧（角度为 135°）。

在绘制各段圆弧的过程中，先根据画法提示，参照图例分析圆弧的特殊点、角度、方向等。再根据命令行的操作提示，通过对象捕捉获取所需要的特殊点，设置圆弧画法中的特殊点、方向、角度、弦长等。

任务 2.3

绘 制 水 槽

任务描述

使用正多边形、矩形等命令绘制水槽，如图 2-9 所示。水槽外轮廓、两内槽均使用圆角矩形命令进行绘制；两下水孔使用圆形命令进行绘制；两个冷热水阀六边形使用正多边形命令进行绘制（注意标注尺寸不同）；水龙头使用倒角矩形命令进行绘制（矩形旋转画法，右下角点即水槽圆角的圆心）。

微课：绘制水槽

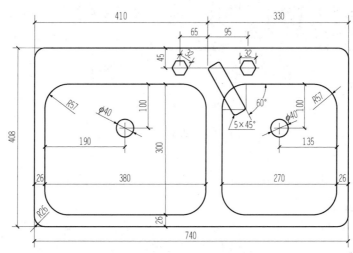

图 2-9　水槽

技能准备

1．绘制矩形

（1）绘制矩形的方式

1）在菜单栏中选择"绘图"→"矩形"命令。

2）在绘图工具栏中单击"矩形"按钮▢。

3）在命令行输入：REC（RECTANG 的简化）。

输入 REC 命令后，命令行会出现以下提示信息：

指定第一个角点或 [倒角(C)/标高(E)/圆角(F)/厚度(T)/宽度(W)]：

各选项的说明如下。

① 倒角（C）：设置矩形倒角距离的大小。

② 标高（E）：三维绘图时，矩形框 Z 轴方向所在的高度。

③ 圆角（F）：设置矩形圆角半径的大小。

④ 厚度（T）：三维绘图时，矩形框 Z 轴方向拉伸出的厚度。

⑤ 宽度（W）：指定线宽，绘制出带线宽的矩形。

注意

AutoCAD 中的很多绘图命令的选项设置会持续起作用（即该选项的默认值为上次设置的结果），直到再次改变设置。

当指定矩形的第一角点后，命令行会出现以下提示信息：

指定另一个角点或 [面积(A)/尺寸(D)/旋转(R)]：

各选项的说明如下。

1）面积（A）：可按提示输入面积值、长度或宽度之一。

2）尺寸（D）：可根据提示指定矩形的长度、宽度。

3）旋转（R）：可输入旋转角度或通过拾取点确定旋转角度。

（2）绘制正方形的方法

绘制正方形的两种方法如下。

1）选择"正多边形"命令中的"外切于圆（C）"命令，设置圆半径为边长的一半。

2）选择"矩形"命令，沿 45° 倍角的极轴追踪线指定角点。

2．绘制正多边形

绘制正多边形的方式如下。

1）在菜单栏中选择"绘图"→"正多边形"命令。

2）在绘图工具栏中单击"正多边形"按钮⬠。

3）在命令行输入：POL（POLYGON 的简化）。

输入 POL 命令后，命令行会出现以下提示信息：

Polygon 输入边的数目 <4>:　　　　//输入边的数目
指定正多边形的中心点或 [边(E)]:　//默认指定中心点
　　　　　　　　//输入 E 按边长绘制,指定边长的两端点,在逆时针方向绘制多边形
输入选项 [内接于圆(I)/外切于圆(C)] <I>:
指定圆的半径:　　　　　　　　//输入圆的半径

各选项的说明如下。

① 内接于圆（I）：在假想的圆内绘制，正多边形的各顶点位于假想的圆上。

② 外切于圆（C）：在假想的圆外绘制，正多边形的各边与假想的圆相切。

多边形的几种画法如图 2-10 所示。

（a）多边形内接于圆　　（b）多边形外切于圆　　（c）边长法画多边形

图 2-10　多边形的几种画法

任务实施

水槽的绘制步骤如表 2-3 所示。

表 2-3　水槽的绘制步骤

绘制示意图	绘制提示
	1）使用矩形命令，设置其圆角为 *R*26，使用相对直角坐标法绘制长 740、宽 408 的圆角矩形水槽外轮廓； 2）重复执行矩形命令，设置其圆角为 *R*57，从左下角 *R*26 圆角圆心并使用相对直角坐标法绘制左侧长 380、宽 300 的圆角矩形水槽； 3）使用类似步骤 2）的方法，绘制右侧长 270、宽 300 的圆角矩形水槽
	4）先根据标注尺寸，绘制两个六边形中心的定位辅助线段；再使用多边形命令，以外切于圆、半径为 16 的方法绘制左侧的六边形水阀。重复执行多边形命令，以内接于圆、半径为 16 的方法绘制右侧的六边形水阀
	5）使用矩形命令绘制水龙头，设置其第一、第二倒角均为 5，如图指定左上角的定位点，选择"旋转"命令，输入旋转角度为-60，指定右侧的圆角矩形水上 *R*57 圆角的圆心为右下角点； 6）先根据标注尺寸，绘制两个圆形下水孔中心的定位辅助线段；再使用圆命令绘制两个孔径为 40 的下水孔

任务拓展

1）使用矩形、圆、圆弧等命令，绘制小闹钟，如图 2-11 所示。

2）使用正多边形命令，绘制如图 2-12 所示的图形，圆半径自定，正五边形使用边长法进行绘制。

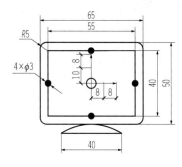

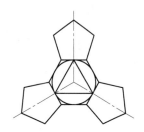

图 2-11 小闹钟   图 2-12 正多边形的练习图形

任务 2.4

绘 制 书 柜

微课：绘制书柜

图 2-13 书柜

任务描述

使用多线、多段线等命令，绘制书柜，如图 2-13 所示。新建两个多线样式，书柜的框架全部使用多线命令进行绘制，并修改多线接头的样式；上方的窗轮廓使用多段线命令进行绘制（有粗细曲直变化），窗内的横格板使用另一种样式的多线进行绘制；下方的两朵装饰小花使用圆、圆弧命令进行绘制，枝叶使用多段线命令进行绘制。

 技能准备

1. 绘制多线

（1）创建多线样式

在菜单栏中选择"格式"→"多线样式"命令，弹出"多线样式"对话框，如图 2-14 所示。默认的样式只有 STANDARD 样式，单击"新建"按钮，在弹出的"创建新的多线样式"对话框中输入新样式名，选择基础样式后，会弹出相应的"新建多线样式"对话框，如图 2-15 所示，可以创建新的多线样式，并设置其封口、填充、图元特性等。

图 2-14   "多线样式"对话框

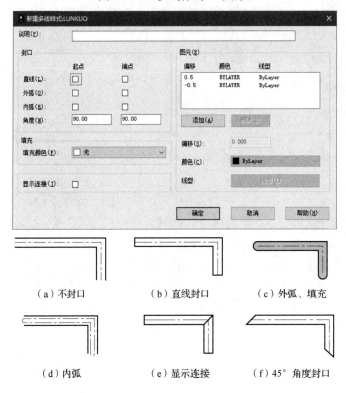

（a）不封口　　　　　　　（b）直线封口　　　　　（c）外弧、填充

（d）内弧　　　　　　　　（e）显示连接　　　　　（f）45°角度封口

图 2-15   "新建多线样式"对话框及封口示例

注意

　　用户不能对正在使用的多线样式进行编辑，若要改变样式的元素特性，则必须在它未被使用之前进行修改。

（2）绘制多线的方式

1）在菜单栏中选择"绘图"→"多线"命令。

2）在命令行输入：ML（MLINE 的简化）。

输入 ML 命令后，命令行会出现以下提示信息：

当前设置：对正 = 上,比例 = 20.00,样式 =STANDARD

指定起点或[对正(J)/比例(S)/样式(ST)]

各选项的说明如下。

① 对正（J）：输入 J 设置对正时又有如下 3 个选项。

a．上（T）：表示当从左向右绘制时，多线最顶端的线将随鼠标指针移动。

b．无（Z）：表示绘制多线时，多线的假设中心线将随鼠标指针移动。

c．下（B）：表示当从左向右绘制时，多线最底端的线将随鼠标指针移动。

② 比例（S）：确定所绘多线的宽度相对于多线定义宽度的比例，默认是 20，可修改为新值。例如，定义墙线的多线宽度为 1mm，实际墙厚为 240mm，应设置比例为 240。

③ 样式（ST）：默认是 STANDARD，可输入新建的多线样式名称。

（3）编辑多线

多线编辑工具是多线对象专用的编辑命令，在菜单栏中选择"修改"→"对象"→"多线"命令，可弹出"多线编辑工具"对话框，如图 2-16 所示。在该对话框中选择一种多线编辑工具，再回到绘图区选择多线（注意顺序），就会形成对应的交点或接头。

图 2-16　"多线编辑工具"对话框

2．绘制多段线

绘制多段线的方式如下。

1）在菜单栏中选择"绘图"→"多段线"命令。

2）在绘图工具栏中单击"多段线"按钮 。

3）在命令行输入：PL（PLINE 的简化）。

输入 PL 命令，并指定第一点后，命令行会出现以下提示信息：

当前线宽为 0.0000
指定下一点或 [圆弧(A)/闭合(C)/半宽(H)/长度(L)/放弃(U)/宽度(W)]:

连续指定下一点，可绘制多条直线组成的多段线。

各选项的说明如下。

① 圆弧（A）：由绘制直线状态转变为绘制圆弧状态，系统继续提示

指定圆弧的端点或[角度(A)/圆心(CE)/方向(D)/半宽(H)/直线(L)/半径(R)/第二个点(S)/放弃(U)/宽度(W)]:
//不同选项使用不同的方法绘制圆弧,输入 L 重新绘制直线

② 闭合（C）：自动将多段线封闭，并结束命令。

③ 长度（L）：控制长度。

④ 放弃（U）：返回上一个点。

⑤ 宽度（W）或半宽（H）：可指定线的宽度或一半宽度。若输入 H，则后续提示

指定起点半宽 <0.0000>:
指定端点半宽 <2.0000>:
指定下一个点或 [圆弧(A)/半宽(H)/长度(L)/放弃(U)/宽度(W)]:

提示

1）当起点与终点的宽度相同时，可绘制指定宽度的等宽线；当起点与终点的宽度不同时，可绘制锥度线或宽度变化的线；当宽度为零时，可绘制尖点。

2）执行一次多段线命令绘制出的是一个对象，单击将其全部选中。若使用分解命令分解后，各段独立的线段将丢失线宽和切向信息。

3）多段线命令常用于绘制由不同宽度的直线或圆弧组成的连续线段，如带箭头的符号等。

⚙ 任务实施

1）创建两个多线样式："样式 1"用于绘制书柜外框，是两条实线；"样式 2"用于绘制上方的窗内格板，由上实线、中间点画线、下实线组成（可设置线条及填充的颜色）。

2）使用多线命令，样式选择"样式 1"，设置合适的比例，根据书柜的大致比例绘制合适的外框。

3）在"多线编辑工具"对话框中选择一种合适的多线编辑工具，再回到绘图区依次选择交接处的多线（注意顺序），形成合适的接头样式。

4）使用多段线命令绘制上方的窗轮廓（注意命令选项中直线/圆弧的切换、宽度或半宽的设置）。

5）使用多线命令，样式选择"样式 2"，根据大致比例及位置绘制窗框内的横格板。

6）使用圆、圆弧命令绘制小花，枝叶使用多段线命令进行绘制，保证大小与比例合适。

任务拓展

创建有/无封口的两种多线样式，绘制如图 2-17 所示的楼道，并使用多线编辑工具修改接头；再使用多段线命令绘制楼梯的走向线。

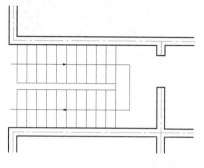

图 2-17 楼道

绘 制 钥 匙

 任务描述

使用椭圆、样条曲线等命令，绘制钥匙，如图 2-18 所示。先绘制钥匙图形中的纵横两条中心线，使用轴端点法绘制大椭圆，使用中心法绘制小椭圆；然后绘制样条曲线（通过栅格或辅助线找到各插值点），起/终点切向与两端直线相切。

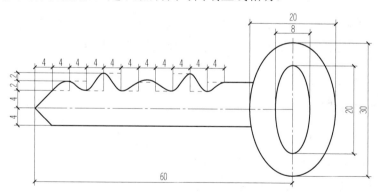

图 2-18 钥匙

技能准备

1. 绘制椭圆

绘制椭圆的方式如下。

1）在菜单栏中选择"绘图"→"椭圆"命令。

2）在绘图工具栏中单击"椭圆"按钮⬭。

3）在命令行输入：EL（ELLIPSE 的简化）。

输入 EL 命令后，命令行会出现以下提示信息：

指定椭圆的轴端点或 [圆弧(A)/中心点(C)]：

① 默认按轴端点方式绘制椭圆：需要拾取 3 个点，前两个点为椭圆的一个轴的长度，第 3 个点为另一个轴的半轴长度，如图 2-19（a）所示。

② 中心点（C）：通过指定中心和两半轴长度绘制椭圆。需要拾取 3 个点，依次指定椭圆的中心、长轴端点和另一个轴的半轴长度，如图 2-19（b）所示。

③ 圆弧（A）：与椭圆弧命令的使用方法相同，首先需要构造母体椭圆，其选项和提示同上，然后按提示行输入椭圆弧的起始角度和终止角度即可。

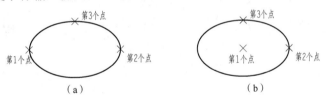

图 2-19　椭圆的两种画法

> **提示**
>
> 椭圆弧命令的使用方法与椭圆命令的使用方法基本相同，先绘制出整个椭圆，然后参照第一个指定的轴端点按逆时针方向依次确定起始角度和终止角度，即可绘制出椭圆弧。

2. 绘制样条曲线

绘制样条曲线的方式如下。

① 在菜单栏中选择"绘图"→"样条曲线"命令。

② 在绘图工具栏中单击"样条曲线"按钮∿。

③ 在命令行输入：SPL（SPLINE 的简化）。

输入 SPL 命令后，命令行会出现以下提示信息：

指定第一个点或 [对象(O)]：　　　　　　　　　　　　//拾取或输入第 1 个点

指定下一点：　　　　　　　　　　　　　　　　　//拾取或输入第 2 个点

指定下一点或［闭合(C)/拟合公差(F)］<起点切向>：　//拾取或输入第 3 个点

……

指定下一点或［闭合(C)/拟合公差(F)］<起点切向>：　//按 Enter 键完成点的指定

指定起点切向：　　　　　　　　　　　　　　　　//指定起点曲线方向

指定端点切向：　　　　　　　　　　　　　　　　//指定端点曲线方向

> **提示**
>
> 1）对象（O）：可将已有线段拟合成样条曲线；拟合公差是指样条曲线与指定拟合点之间的接近程度，拟合公差越小，样条曲线与拟合点越接近，若拟合公差为 0，则样条曲线通过拟合点；起点切向、端点切向是指曲线在两端的切线方向。
>
> 2）"样条曲线"命令通常用来绘制图样中的波浪线，为了方便绘制，最好关闭辅助绘图工具栏中的"极轴模式"功能和"极轴追踪"功能。

⚙ 任务实施

1）设置栅格 X 轴、Y 轴的间距均为 2，并显示栅格；然后按实际长度绘制钥匙图形中的纵横两条中心线。

2）使用椭圆命令，捕捉纵向中心线的两端点作为椭圆的两轴端点，指定另一条半轴长度为 10，绘制出大椭圆。重复执行椭圆命令，并使用中心点法进行绘制，按尺寸指定一个轴端点和一个半轴长度，绘制小椭圆。

3）从中心线的左端点开始，绘制所有的直线段。

4）确定样条曲线的插值点。

方法 1：开启栅格，并设置 X 轴与 Y 轴栅格的间距及捕捉间距均为 2mm。

方法 2：使用多段线命令，绘制辅助线，如图 2-20 所示。

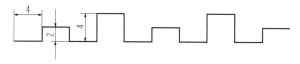

图 2-20　样条曲线插值点的辅助线

5）使用样条曲线命令，从左向右依次指定其各插值点，按 Enter 键后，指定其起点切向为最左侧的斜线方向，终点切向为水平直线方向；删除辅助线。

🔧 任务拓展

1）使用椭圆命令绘制科技图标，如图 2-21 所示。

2）绘制雨伞，如图 2-22 所示（使用多段线命令绘制雨伞柄，使用椭圆弧、圆弧命令绘制伞骨架，使用样条曲线命令绘制伞边缘）。

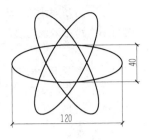

图 2-21　科技图标

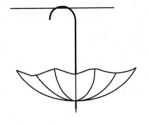

图 2-22　雨伞

任务 2.6　绘 制 小 桥

任务描述

绘制如图 2-23 所示的小桥，其中台阶使用定距等分命令及多段线命令进行绘制，挡板上缘在立柱顶端相差 1/10 处（使用定数等分命令），桥体与桥洞使用面域命令及布尔差集命令进行绘制，水波使用修订云线命令进行绘制。

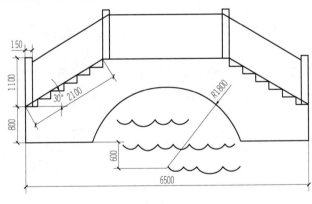

图 2-23　小桥

技能准备

1. 绘制点

（1）设置点样式

在菜单栏中选择"格式"→"点样式"命令（或输入 DPT 命令），弹出"点样式"对话框，如图 2-24 所示。在该对话框中可以设置点样式、点大小等，设置完成后单击"确定"按钮即可。

在同一图形中，只能有一种点样式，默认情况下，点对象仅被显示成一个小圆点，在改变点样式后，图中所绘制的所有点将随之改变。

（2）绘制点

绘制点的方式如下。

1）在菜单栏中选择"绘图"→"点"→"单点"（或"多点"）命令。

2）在绘图工具栏中单击"点"按钮 。

3）在命令行输入：PO（POINT 的简化）。

图 2-24　"点样式"对话框

提示

"单点"命令一次只能绘制一个点；"多点"命令一次可绘制多个点，但每一个点都是独立的。

---

2. 绘制等分点

（1）绘制定数等分点

绘制定数等分点的方式如下。

1）在菜单栏中选择"绘图"→"点"→"定数等分"命令。

2）在命令行输入：DIV（DIVIDE 的简化）。

输入 DIV 命令后，命令行会出现以下提示信息：

```
选择要定数等分的对象：        //选择直线或曲线
输入线段数目或[块(B)]：        //输入数目，或输入 B 在等分处插入块
```

（2）绘制定距等分点

绘制定距等分点的方式如下。

1）在菜单栏中选择"绘图"→"点"→"定距等分"命令。

2）在命令行输入：ME（MEASURE 的简化）。

输入 ME 命令后，命令行会出现以下提示信息：

```
选择要定距等分的对象：        //选择直线或曲线
输入线段长度或 [块(B)]：       //输入长度，或输入 B 在等分处插入块
```

注意

对于绘制的单点、多点、定数等分点和定距等分点，需要将对象捕捉模式设置为"节点"才能捕捉到。

---

3. 创建面域

创建面域的方式如下。

1）在菜单栏中选择"绘图"→"面域"命令。

2）在绘图工具栏中单击"面域"按钮 。

3）在命令行输入：Reg（REGION 的简化）。

输入 Reg 命令后，命令行会出现以下提示信息：

选择对象：找到？个　//选择要创建面域的对象，按 Enter 键或 Space 键结束选择

已提取？个环。

已创建？个面域。　　//系统提示提取环数及创建成功的面域数

> **提示**
>
> 系统默认以面域对象取代原对象，但自相交或端点不连接对象不能转换为面域。

对于创建成功的面域，可在菜单栏中选择"修改"→"实体编辑"→"并集"/"差集"/"交集"命令进行面域的合并、相减、求相交等布尔运算，如图 2-25 所示。

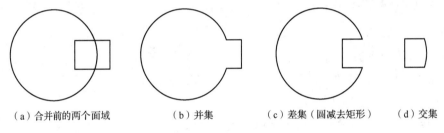

（a）合并前的两个面域　　　（b）并集　　　（c）差集（圆减去矩形）　　　（d）交集

图 2-25　面域的布尔运算

> **提示**
>
> 对于未相交的两个面域，求并集时表面上没变化，但实际已合并成了一个单独的面域；求差集时则删除被减掉的面域；求交集时删除所有相交之外的面域。这些操作都可以通过"放弃"命令进行撤销。

4. 绘制修订云线

绘制修订云线的方式如下。

1）在菜单栏中选择"绘图"→"修订云线"命令。

2）在绘图工具栏中单击"修订云线"按钮 。

3）在命令行输入：Revcloud。

输入 Revcloud 命令后，命令行会出现以下提示信息：

最小弧长：15　最大弧长：15　样式：普通

指定起点或 [弧长(A)/对象(O)/样式(S)] <对象>：

各选项的说明如下。

① 弧长（A）：提示修改最小、最大弧长的值。

② 对象（O）：提示选择对象，将对象转换为云线；选择对象时，提示可将弧反转。

③ 样式（S）：后续提示

选择圆弧样式[普通(N)/手绘(C)] <普通>：

一般在审图时，常用修订云线把有问题的地方圈起来，便于识别。在绘制过程中，逆时针移动鼠标指针，可绘制凸形云状；顺时针移动鼠标指针，可绘制凹形云状。当终点与起点重合时，自动结束（或按 Enter 键结束）。

任务实施

小桥的绘制步骤如表 2-4 所示。

表 2-4　小桥的绘制步骤

绘制示意图	绘制提示
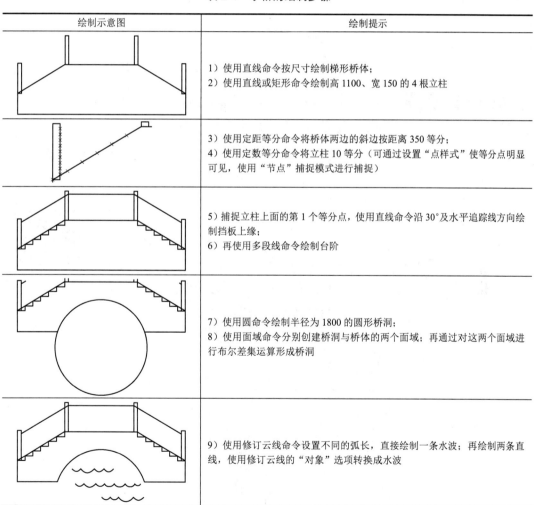	1）使用直线命令按尺寸绘制梯形桥体； 2）使用直线或矩形命令绘制高 1100、宽 150 的 4 根立柱
	3）使用定距等分命令将桥体两边的斜边按距离 350 等分； 4）使用定数等分命令将立柱 10 等分（可通过设置"点样式"使等分点明显可见，使用"节点"捕捉模式进行捕捉）
	5）捕捉立柱上面的第 1 个等分点，使用直线命令沿 30°及水平追踪线方向绘制挡板上缘； 6）再使用多段线命令绘制台阶
	7）使用圆命令绘制半径为 1800 的圆形桥洞； 8）使用面域命令分别创建桥洞与桥体的两个面域；再通过对这两个面域进行布尔差集运算形成桥洞
	9）使用修订云线命令设置不同的弧长，直接绘制一条水波；再绘制两条直线，使用修订云线的"对象"选项转换成水波

任务拓展

绘制地漏，如图 2-26 所示（提示：先绘制外轮廓圆及中间矩形，并各自转换成面域；绘制水平直径线，按距离为 10 创建定距等分点，复制其他 8 个矩形面域；最后通过布尔差集运算，从圆形面域中减去 9 个矩形面域）。

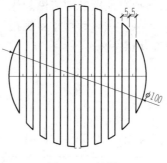

图 2-26　地漏

填 充 小 屋

 任务描述

参照图 2-27，先绘制小屋，使用图案填充命令设置合适的角度与比例等进行创意填充。要求屋顶沟槽与倾斜边缘平行，右侧墙面（45°方向）选择 DOLMIT 图案，砖缝要与地平线平行、垂直；门选择渐变色填充。

微课：填充小屋

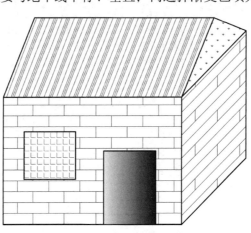

图 2-27　填充小屋

技能准备

1. 填充图案

（1）填充图案的方式

1）在菜单栏中选择"绘图"→"图案填充"命令。

2）在绘图工具栏中单击"图案填充"按钮。

3）在命令行输入：H 或 BH（BHATCH 的简化）。

（2）设置图案填充

在选择"图案填充"命令后，会弹出"图案填充和渐变色"对话框，选择"图案填充"选项卡，如图 2-28 所示。

图 2-28　"图案填充"选项卡

提　示

对话框右下角的"更多/更少选项"按钮 可以单击切换。

在该选项卡中，图案填充的常规设置说明如下。

1）"类型和图案"选项组。该选项组中的"类型"下拉列表中有预定义、用户定义、自定义 3 个选项。

"图案"下拉列表中有预定义的几十种工程图常用的剖面图案。所选的图案显示在"样例"中，自定义图案显示在"自定义图案"中。

2）"角度和比例"选项组。在该选项组中可以根据需要改变图案的角度或比例。

① 角度：可以输入填充图案与水平方向的夹角；若将角度设为 90°，则填充线反向。

② 比例：用于控制填充线的平行间距，比例越大，填充线间距越大。

3）"边界"选项组。

① "添加：拾取点"：单击该按钮，返回绘图区，在某封闭的填充区域中拾取一点，

按 Enter 键或 Space 键返回对话框。单击该按钮，选好图案后就可以进行填充了。

② "添加：选择对象"：单击该按钮，返回绘图区，选择指定的对象作为填充边界。使用此按钮选择的填充边界可以是封闭的，也可以是不封闭的，但系统忽略内部孤岛（可以手动选择孤岛边界）。例如，在六边形中，只选 5 条边时的填充效果如图 2-29（a）所示，选择 5 条边与中间圆时的填充效果如图 2-29（b）所示。

4）"选项"选项组。

① 关联：拖动关联的填充图案边界，填充图案跟着移动，否则图案位置不变。

② 创建独立的图案填充：选中该复选框后，同时填充的图案彼此独立。

5）"孤岛"选项组。孤岛是指一个封闭图形内部的其他封闭区域。图案填充时，孤岛的控制方式有普通、外部和忽略 3 种，"孤岛显示样式"中的示意图很直观，如图 2-30 所示。

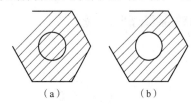

图 2-29 选择边界填充　　　　图 2-30 孤岛的显示方式

提示

除忽略方式外，孤岛显示的其他两种方式在进行填充时，如果遇到文字或属性等对象，则阴影线会自动断开，留出空白，以保证文字清晰。

6）"预览"按钮。该按钮用于填充图案前的预览，按 Esc 键可以返回对话框进行修改。在不能确定填充效果是否合适时，建议先预览。

（3）设置渐变色填充

在"图案填充和渐变色"对话框中，选择"渐变色"选项卡（或单击绘图工具栏中的按钮），如图 2-31 所示，渐变色只能用于填充边界封闭的图形。

图 2-31 "渐变色"选项卡

1）"颜色"选项组。先选择"单色"或"双色"填充，再单击颜色块右侧的"…"按钮，弹出"选择颜色"对话框，用以选择所需的颜色。

2）"方向"选项组。"居中"和"角度"选项用于控制渐变颜色的位置和角度。

> **小技巧**
>
> 在填充图案时，若图案填充不了，则可能是图形区域不封闭。此时，可以只开启捕捉到交点，使用直线命令去检查该相交的位置是否出现交点捕捉符号；或将"图案填充和渐变色"对话框"图案填充"选项卡中"允许的间隙"选项组中的公差值调大一点再进行尝试填充。

2. 使用选项板拖曳法填充图案

打开工具选项板的方法如下。

1）在菜单栏中选择"工具"→"选项板"→"工具选项板"命令。

2）在标准工具栏中单击"工具选项板"按钮 ▦ 。

3）按 Ctrl+3 组合键。

使用以上任意一种方法，打开工具选项板，选择"图案填充"选项卡，如图 2-32 所示。其中预置了英制图案填充和 ISO 图案填充等。其填充方法：用户选择所需的图案，再拾取图形需要填充的封闭区域即可；或者按住鼠标左键直接拖动某图案到图形填充区域。

3. 编辑填充图案

（1）更换填充图案

更换填充图案的操作方法如下。

图 2-32　图案填充选项板

1）直接双击需要编辑的填充图案。

2）右击需要编辑的填充图案，在弹出的快捷菜单中选择"图案填充编辑"命令。

3）选中填充图案，在菜单栏中选择"修改"→"对象"→"图案填充"命令。

以上方法都能弹出"图案填充和渐变色"对话框，可在该对话框中重新选择填充图案。

（2）修改填充图案

通常，同时填充的图案是一个整体，若要对部分填充图案进行删除或修剪等操作，则必须先选中填充图案，然后选择菜单栏中的"分解"命令。

 任务拓展

绘制装饰图形并填充图案或渐变色，如图 2-33 所示。

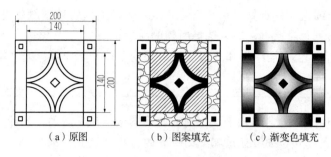

（a）原图　　　　　（b）图案填充　　　　　（c）渐变色填充

图 2-33　填充装饰图案

任务 2.8　　绘 制 笑 脸

任务描述

使用创建块、插入块命令，绘制笑脸集，如图 2-34 所示。先绘制笑脸并创建图块，再插入不同比例因子（X、Y 方向可不同）、不同旋转角度的块，得到各种笑脸。

图 2-34　笑脸

技能准备

根据应用范围，块可分为内部块和外部块两类。内部块文件只能在当前图形文件中插入，外部块文件则可以插入其他图形文件中。

1. 创建内部块

（1）创建内部块的方式

1）在菜单栏中选择"绘图"→"块"→"创建"命令。

2）在绘图工具栏中单击"创建块"按钮 ⧉ 。

3）在命令行输入：B（BLOCK 的简化）。

（2）"块定义"对话框

当输入 B 命令时，弹出"块定义"对话框，如图 2-35 所示。

图 2-35   "块定义"对话框

该对话框中的常规设置说明如下。

1）名称：输入新块名称，不区分大小写；不能与下拉列表中已定义的图块重名，否则原块被重新定义，被当前块替换。

2）基点：将块插入时的基准点，单击"拾取点"按钮，返回绘图区捕捉选择特殊点后，再返回对话框。

3）对象：单击"选择对象"按钮，返回绘图区选择要定义为块的图形对象，按 Enter 键确认后返回对话框。"保留"、"转换为块"和"删除"3 个单选按钮是指创建为块后，原图形对象是保留还是删除、是否转换为块。块可以嵌套，即把一个块作为新块的一部分。

设置完成后，单击"确定"按钮完成内部块的定义。

2. 创建外部块

（1）创建外部块的方式

创建外部块时只能在命令行输入：W（WBLOCK 的简化）。

（2）"写块"对话框

当输入 W 命令时，弹出"写块"对话框，如图 2-36 所示。

图 2-36   "写块"对话框

该对话框中的各项设置说明如下。

1）源：可以将内部图块、整个图形或选中的对象定义为外部块。

2）基点及对象：其设置说明与定义内部块时的设置说明相同。

3）文件名和路径：系统默认的存储路径及文件名，单击"…"按钮可以修改。

设置完成后，单击"确定"按钮完成外部块的定义。通常将标题栏创建为外部块，方便其他图形使用。

3. 插入块

（1）插入块的方式

1）在菜单栏中选择"插入"→"块"命令。

图 2-37　块选项板

2）在绘图工具栏中单击"插入块"按钮 。

3）在命令行输入：I（INSERT 的简化）。

（2）块选项板

当输入 I 命令时，弹出块选项板，如图 2-37 所示。

该块选项板中的各项设置说明如下。

1）选择块：直接在"最近使用的块"中选择块图形，或单击右上方的"显示文件导航对话框"按钮 ，在打开的对话框中选择块文件。

2）选项设置：若选中"插入点""比例""旋转""重复放置""分解"复选框，则在插入块时命令行出现相应的提示。也可以在面板上直接输入 X、Y、Z 方向的比例、旋转角度等。若在下拉列表中选择"统一比例"选项，则 X、Y、Z 方向的比例相同。

提示

1）当插入一个外部块后，系统自动在当前图形中生成相同名称的内部块，该名称将出现在"名称"下拉列表中。

2）比例系数大于 1 表示放大，小于 1 表示缩小，若输入负值，则得到镜像图。

3）使用分解命令可将块分解，并进行编辑修改。

任务拓展

如图 2-38 所示，先按大致比例绘制单扇门，并创建图块；再插入单扇门图块，形成双扇门后创建为新的图块。

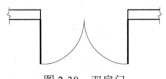

图 2-38　双扇门

任务 2.9

创建标高块

任务描述

使用创建块命令创建标高符号属性块（标高符号的画法标准可参照"知识链接"）。如图 2-39 所示，绘制墙面，使用插入块命令绘制所有的标高。

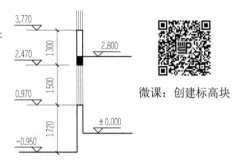

微课：创建标高块

技能准备

1. 定义属性块

图 2-39 标高符号

（1）定义属性块的方式

1）在菜单栏中选择"绘图"→"块"→"定义属性"命令。

2）在命令行输入：ATT（ATTDEF 的简化）。

（2）"属性定义"对话框

选择"定义属性"命令后，弹出"属性定义"对话框，如图 2-40 所示。

图 2-40 "属性定义"对话框

该对话框中的常规设置说明如下。

1）"模式"选项组。通常为默认状态。

2）"属性"选项组。

① 标记：用于输入属性标记（必须设置）。

② 提示：用于输入属性提示，出现在命令行，提示用户输入正确的属性值（如果不输入提示，则属性标记将用作提示）。

③ 默认：用于设置属性的默认初始值，一般输入图样中出现最多的属性值。

3）"插入点"选项组。一般在绘图区直接指定点。

4）"文字设置"选项组。

① 对正：用于定义属性文本的对齐方式，一般选择"正中"（便于倒置、反向）命令。

② 文字样式：用于选择属性文本的字形，一般选择用户设置的工程字。

③ 文字高度：用于确定属性文本的字高，一般与图中的尺寸文字高度相同。

④ 旋转：用于确定属性文本的旋转角度。

提示

块属性是从属于块的特殊文本信息，好比商品标签。在定义块前，要先定义该块的属性，并保证属性标记在块图形的位置合适。可以对块定义多个属性，之后可以通过选择菜单栏中的"修改"→"对象"→"属性"→"属性管理器"命令，在弹出的对话框中修改属性设置或更改属性提示顺序等。

---

2. 插入属性块

插入属性块的方式如下。

1）在菜单栏中选择"插入"→"块"命令。

2）在绘图工具栏中单击"插入块"按钮 。

3）在命令行输入：I（INSERT 的简化）。

输入 I 命令后，命令行会出现以下提示信息：

```
指定插入点或 [基点(B)/比例(S)/X/Y/Z/旋转(R)]:
输入属性值                    //以标高属性块为例
请输入标高值 <±0.000>:        //输入当前插入处的标高值,按 Enter 键
```

插入属性块的操作与插入普通块的操作基本相同，不同之处是在命令行中会出现提示信息，引导用户输入不同的属性值，以插入不同标记的块。

3. 编辑属性块

如果对已经插入的属性块进行修改，则操作非常简单。只要双击属性块，即可弹出"增强属性编辑器"对话框，如图 2-41 所示。

1）在"属性"选项卡中，可以修改属性值。

2）在"文字选项"选项卡中，可以修改文字的属性，并可以使文字反向、倒置等，如图 2-42 所示。

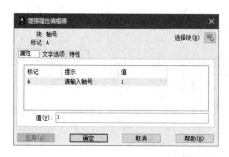

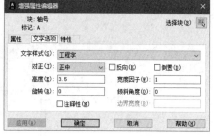

图 2-41　"增强属性编辑器"对话框　　　　图 2-42　"文字选项"选项卡

3）在"特性"选项卡中，可以修改属性文字的图层、颜色等，如图 2-43 所示。修改完毕后，单击"确定"按钮即可。

图 2-43　"特性"选项卡

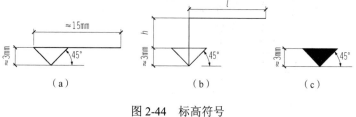

任务拓展

如图 2-45 所示，创建两种轴号图块，绘制图形并标注轴线编号（轴号圆用细实线绘制，直径为 8～10mm，斜线为 45°的直径线）。

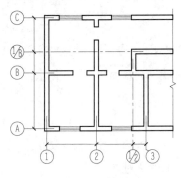

图 2-45　轴号

任务 **2.10**

注 写 文 字

 任务描述

如图 2-46 所示，先使用文字样式命令设置文字的样式与效果，再绘制图形，并使用多行文字命令注写文字。

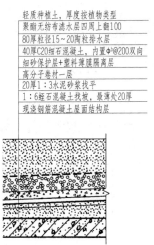

微课：注写文字

图 2-46　多层构造文字说明

技能准备

1. 设置文字样式

在 AutoCAD 软件中，默认的文字样式是 Standard，用户可以通过设置文字样式来改变字体、字符宽度、倾斜角度等显示效果。输入文字时，使用不同的文字样式就会得到不同的文字效果。

（1）设置文字样式的方式

1）在菜单栏中选择"格式"→"文字样式"命令。

2）在文字工具栏中单击"文字样式管理器"按钮 **A**ₗ。

3）在命令行输入：ST（STYLE 的简化）。

（2）"文字样式"对话框

输入 ST 命令后，弹出"文字样式"对话框，如图 2-47 所示。其中，"样式"列表框中的 STANDARD 样式是系统默认的，使用的是 Arial 字体，此样式不能被重命名和删除。另外，当前文字样式也不能被删除。

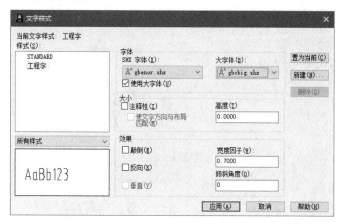

图 2-47　"文字样式"对话框

该对话框中的各项设置说明如下。

1）工程图样中的文字要么使用长仿宋体，要么使用 Windows 操作系统通用的 True Type 字体（美观、占内存大），扩展名为"*.ttf"，如仿宋_GB2312、仿宋体等；要么使用 AutoCAD 目录下 Font 中的专用字体（占内存小、出图快），扩展名为"*.shx"，通常字母和数字使用符合国标的 gbenor.shx 或 gbeitc.shx 字体，汉字使用 gbcbig.shx 大字体。

2）"高度"文本框一般默认设为 0.0000，用户在多行文字编辑器中可以根据需要设置字高；若此处有所设置，则在注写单行文本时不会提示"指定高度"。

3）若采用 True Type 字体，则"宽度因子"宜设为 1；若采用矢量字体，则"宽度因子"宜设为 0.7。

4）"效果"选项组设置的文字效果如图 2-48 所示。

图 2-48　几种文字效果

2．注写单行文字

注写单行文字的方式如下。

1）在菜单栏中选择"绘图"→"文字"→"单行文字"命令。

2）在命令行输入：DT（或 TEXT 或 DTEXT 的简化）。

输入 TEXT 命令后，命令行会出现以下提示信息：

当前文字样式："Standard" 文字高度：2.5000 注释性：否
指定文字的起点或 [对正(J)/样式(S)]：
                              //指定起点,输入 J 设置对齐方式,输入 S 改变文字样式
指定高度 <2.5000>：   //直接输入文字高度或绘制一段直线作为文字高度
指定文字的旋转角度 <0>：   //直接输入旋转角度或使用鼠标指针指定角度
输入文字：   //输入文字,若按 Enter 键则可以输入独立的几行

其中"对正（J）"选项的后续提示为

输入选项[对齐(A)/布满(F)/居中(C)/中间(M)/右对齐(R)/左上(TL)/中上(TC)/右上
(TR)/左中(ML)/正中(MC)/右中(MR)/左下(BL)/中下(BC)/右下(BR)]：
                              //输入选项确定文字的对齐方式及定位点位置

文字对齐方式如图 2-49 所示。

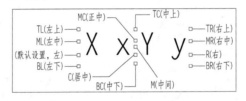

图 2-49　文字对齐方式

单行文字可以在一次命令中注写字高、旋转角度相同的几行文字，按 Enter 键可以换行，但每行都是独立的对象。

3．注写多行文字

（1）注写多行文字的方式

1）在菜单栏中选择"绘图"→"文字"→"多行文字"命令。

2）在绘图工具栏中单击"多行文字"按钮 **A**。

3）在命令行输入：T（MTEXT 的简化）。

输入 T 命令后，命令行会出现以下提示信息：

MTEXT 当前文字样式："Standard"文字高度:2.5 注释性:否
指定第一角点：   //使用鼠标指针指定多行文字第一角点
指定对角点或 [高度(H)/对正(J)/行距(L)/旋转(R)/样式(S)/宽度(W)/栏(C)]：
                          //输入选项字母可进行相应的设置

（2）多行文字编辑器

使用鼠标指针在绘图区绘制一个矩形区域，弹出"多行文字编辑器"窗口，如图 2-50 所示。

图 2-50 "多行文字编辑器"窗口

该窗口的主要设置说明如下。

1）文字的输入、文字设置、段落设置等与 Word 基本相似。

2）"堆叠"的形式有 3 种：以"/"分隔创建垂直堆叠（水平分数），以"^"分隔创建公差堆叠（上下标），以"#"分隔创建对角堆叠（斜分数）。

3）"文字格式"工具栏中的"@"下拉列表中提供了常用的特殊符号，如度数、正/负号、直径符号ϕ及一些特殊符号等。选择"其他"命令，可弹出"字符映射表"对话框，如选择 GreekC 字体，如图 2-51 所示。

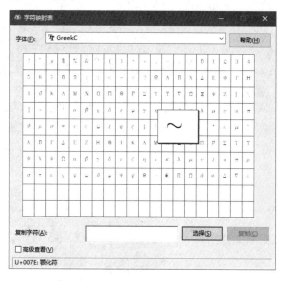

图 2-51 "字符映射表"对话框

选择对应的字体，先找到其中要输入的符号，依次单击"选择"→"复制"按钮，关闭"字符映射表"对话框后，再选择"粘贴"命令（或按 Ctrl+V 组合键）即可将符号粘贴到文字编辑区。

右击输入法状态条中的软键盘图标，在弹出的快捷菜单中选择开启对应的软键盘，即可输入一些常见的特殊字符。

提示

1）一般比较简短的文字，如简单的注释、视图名称等，常采用单行文字进行注写。

2）带有段落格式的信息或包括特殊符号等的文字，常采用多行文字进行注写。

3）将一个小于 16KB 的"*.txt"文本文件拖入 CAD 图形中，会自动转换为一个多行文字对象。

任务实施

1）使用文字样式命令，在对话框中新建"工程字"样式，设置字体为"仿宋"、宽度因子为"0.7"。

2）使用多行文字命令，指定文字样式为工程字；指定文字起点，指定文字高度，系统显示"多行文字编辑器"窗口。除第 3 行、第 4 行外，其余行都是常规文字及常用符号，均可从键盘直接输入，输入一行后，按 Enter 键换行。

3）在第 3 行输入"80 厚粒径 1520 陶粒排水层"，单击工具栏中的"@"下拉按钮，在弹出的下拉列表中选择"其他"命令，在弹出的"字符映射表"对话框的"GreekC"字体中找到波浪线符号，如图 2-51 所示，然后将其复制并粘贴到 15 与 20 之间（或通过输入法状态条打开"标点符号"软键盘输入波浪线符号）。

注意

除中文文字外，文本框中输入的字符都要求是英文半角状态，并注意字体正确。

4）在第 4 行输入"40 厚 C20 细石混凝土，内置%%cb^@200 双向"（%%c 自动转变成"φ"，也可以直接在工具栏的"@"下拉列表中选择符号），选中"b^"将字高设小一号，再单击工具栏中的"堆叠"按钮，即可将 b 设为上标（若同时有下标，则可以在"^"符号后输入下标，一并设置）。

知识链接

1）国标中规定的建筑图样中所使用的文字字高如表 2-5 所示。

表 2-5　文字的字高　　　　　　　　　　（单位：mm）

字体种类	汉字矢量字体	True Type 字体及非汉字矢量字体
字高	3.5、5、7、10、14、20	3、4、6、8、10、14、20

图样及说明中的汉字，宜优先采用 True Type 字体中的宋体字形，采用矢量字体时应为长仿宋体字形。同一张图纸上的字体不应超过两种，矢量字体的宽高比宜为 0.7。

建筑制图中的图名一般用 7 号字，比例数字用 5 号字。轴线编号圆圈中的数字和字母用 5 号字；剖切线处的断面编号用 5 号字；尺寸数字用 3.5 号字。

字高一般不小于 3.5mm，但要考虑打印出图时的比例因子，模型空间设置的字高=

希望出图得到的字高/出图比例。例如，希望的出图字高为 5mm，若绘图比例为 1∶100，则绘图时的字高为 500mm。

当需要将字母及数字写成斜体时，其斜度应从字的底线逆时针向上倾斜 75°，字的高度与宽度应与相应的直体字相等。单位符号应采用正体字母。

2）特殊字符的快捷输入，如表 2-6 所示（输入钢筋符号等特殊符号时，需要下载 tssdeng.shx 字体到 AutoCAD 安装目录下的 Fonts 文件夹中）。

表 2-6 特殊字符的快捷输入

输入文本	%%c	%%d	%%p	%%130	%%131	%%132	%%133
转为字符	φ	°	±	I 级钢筋符号 Φ	II 级钢筋符号 Φ	III 级钢筋符号 Φ	IV 级钢筋符号 Φ

3）引出线。

引出线的线宽为 0.25b，宜采用水平方向的直线，也可以先从指引处画出 30°、45°、60°、90° 的直线，再转折画出水平线，文字说明注写在水平线的上方或水平线的端部。

同时引出的几个相同部分的引出线，宜互相平行，也可以绘制成集中于一点的放射线。多层构造或多层管道共用的引出线，应通过被引出的各层，文字说明注写在水平线的上方或端部，说明的顺序应由上至下，并与被说明的层次相互一致。若层次为横向排序，则由上至下的说明顺序应与由左至右的层次对应一致。

任务拓展

新建"长仿宋体"文字样式，固定字高为 7mm，注写如图 2-52 所示的图纸说明文字。

说明：

1. 本图根据相关勘探报告设计地耐力为15kN/m²。
   持力层土质为近代轻黏砂、重黏砂。
2. 混凝土为C15，HPB 235级钢筋，φᵇ冷拔低碳钢丝（乙级）。
3. 砖≥MU7.5，砂浆M10，砂浆强度等级有地震抗剪要求确定，
   当砖强度等级超过设计要求时，也不要降低砂浆强度等级。
4. 各断面图详见结施2。

图 2-52 图纸说明文字

任务 2.11

创建标题栏

任务描述

使用表格命令，参照如图 2-53 所示的尺寸绘制标题栏，编辑表格，并填写文字。外框线使用中粗实线进行绘制、分格线使用细实线进行绘制。字体为常规的工程字，宽度因子

为 0.7，学校、专业的字高为 7，其余字高为 5。

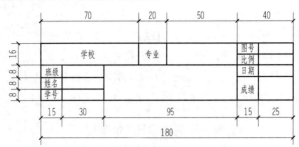

图 2-53　标题栏

技能准备

1. 绘制表格

绘制表格的方式如下。

1）在菜单栏中选择"绘图"→"表格"命令。

2）在绘图工具栏中单击"表格"按钮田。

3）在命令行输入：Table。

2. 设置表格

选择"表格"命令后，会弹出"插入表格"对话框，如图 2-54 所示。

图 2-54　"插入表格"对话框

该对话框中的各选项的设置说明如下。

1）在绘制表格时，表格样式、插入选项、插入方式可按默认方式。

2）表格行数、列数根据需要进行设置。本例的标题行与表头都改为数据行，行数减去 2。

3）设置单元样式时，默认的第一行"标题"、第二行"表头"都在下拉列表中改为"数据"。

单击"确定"按钮后，在绘图区指定表格插入点，插入表格后，会出现"多行文字编辑器"窗口，可以直接设置文字的格式，并在表格中填写文字。

3. 编辑表格

开启表格工具栏，如图 2-55 所示。选中表格的行或列，可插入或删除行列；选中部分单元格可进行合并等操作。表格工具栏的大多操作与 Excel 相似，其中合并单元、背景填充、对齐、单元格式等按钮右侧带三角符号的，表示有下拉列表，其中有相应的选项可供选择。

图 2-55　表格工具栏

选中单元格或单元格区域右击，在弹出的快捷菜单中选择"特性"命令，弹出"特性"面板，如图 2-56 所示。在面板中可以设置单元格的对齐方式、行高、列宽、填充颜色、框线线型和粗细、单元格边距等。

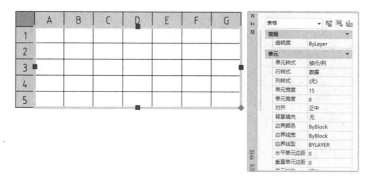

图 2-56　调整表格的行高、列宽

注意

当单元格的高度比较小时，设置行高可能无效；此时应先选中所有的单元格，在"特性"面板中将其水平单元边距、垂直单元边距的值设置为 0，然后就可以设置行高了。

小技巧

1）在表格单元格中填写多行文字时，先拾取单元格的左上、右下角点为输入区，将"文字格式"工具栏中的"多行文字对正"设为"正中"，即可将文字放在单元格正中间。

2）按 Alt+Enter 组合键可以在单元格中创建换行符。

任务实施

标题栏的绘制步骤如表 2-7 所示。

表 2-7　标题栏的绘制步骤

绘制示意图	绘制提示
	1）使用表格命令，在"插入表格"对话框中设置列数为 7、行数为 3，设置单元格的样式全部为"数据"。 2）选中整个表格，按 Ctrl+L 组合键打开"特性"面板，设置"水平单元边距""垂直单元边距"均为 0。 3）选中所有行，设置"单元高度"为 8；依次选中各列，分别按尺寸设置"单元宽度"
	4）分别选中需要合并的单元格，在"表格"工具栏的"合并单元"下拉列表中选择"全部"选项； 5）选中所有单元格，右击，在弹出的快捷菜单中选择"边框"命令，在弹出的对话框中设置粗线，单击"外边框"按钮后确定即可
学校　专业　图号 比例 班级　日期 姓名　图号 学号　成绩	6）使用多行文字命令，第一角点、对角点分别选择需要填写文字单元格的左上、右下角点； 7）在"文字格式"工具栏中将"多行文字对正"设为"正中"，按要求修改"文字高度"，再逐个输入文字

任务拓展

分别使用表格、直线命令绘制标题栏，如图 2-57 所示，并比较绘图效率。

图 2-57　标题栏

直 击 工 考

一、选择题（1+X 考证试题）

1．下列图例表示石材的选项是（　　）。

A.　　　　B.　　　　C.　　　　D.

2．耐火砖的建筑图例是（　　）。

A.　　　　B.　　　　C.　　　　D.

3．某砌体结构建筑物，室内外高差为 0.3m，如图 2-58 所示为其基础剖面图，则该建筑物的基础埋置深度为（　　）m。

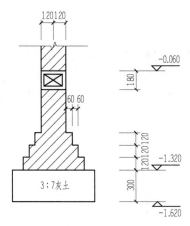

图 2-58　建筑基础

　　A．1.020　　　　　　B．1.260　　　　　　C．1.320　　　　　　D．1.560

4．在建筑制图中，一般要求字体为（　　）。

　　A．仿宋体　　　　　B．宋体　　　　　C．长仿宋体　　　　　D．黑体

5．多层构造引出线，文字说明注写在水平线的（　　）方，说明顺序应（　　）。

　　A．上，由下至上　　　　　　　　　　B．上，由上至下

　　C．下，由下至上　　　　　　　　　　D．下，由上至下

二、操作题（国赛试题）

1．设置文字样式。

设置两个文字样式，一个用于汉字注释，另一个用于数字和字母注释，所有字体均为直体字，宽度因子为 0.7。

1）用于"汉字"的文字样式。文字样式命名为"HZ"，字体名选择"仿宋"，语言为"CHINESE_GB2312"。

2）用于"数字和字母"的文字样式。文字样式命名为"XT"，字体名选择"simplex.shx"，大字体选择"HZTXT"。

2．绘制属性块标题栏。

1）绘制如图 2-59 所示的标题栏，在 0 层中绘制，不标注尺寸。

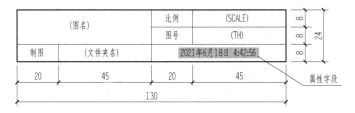

图 2-59　标题栏

"（图名）"、"（文件夹名）"、"（SCALE）"和"（TH）"均为属性，"2021 年 6 月 18 日 4:42:56"为属性字段（保存日期）。字高如下："（图名）"为 6，其余文字为 4，所有属性和文字均在指定格内居中。

2）将标题栏连同属性一起定义为块，块名为"BTL"，基点为标题栏右下角点。

3）插入图块"BTL"于图框的右下角，分别将属性"（图名）"和"（文件夹名）"的值修改为"基本设置"和"文件夹的具体名称"（如"302"）。

三、绘图题

1．参照图 2-60 所示的一字螺钉旋具（俗称螺丝刀）的绘制提示，熟悉命令行交互，理解命令选项的选择及数据输入。

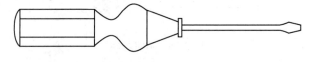

图 2-60　一字螺钉旋具

主要的操作提示及数据如下。

1）绘制矩形的第一个角点（170,120），另一个角点（45,180）。

2）绘制直线的第一个点（45,166），下一个点@125<0，按 Enter 键。

3）绘制直线的第一个点（45,134），下一个点@125<0，按 Enter 键。

4）绘制圆弧的起点（45,180），圆弧的第二个点（35,150），圆弧的端点（45,120）。

5）绘制样条曲线指定的第一个点（170,180），下一个点（192,165），下一个点（225,187），下一个点（255,180），按 Enter 键，指定起点切向（202,150），指定端点切向（280,150），按 Enter 键。

6）绘制样条曲线指定的第一个点（170,120），下一个点（192,135），下一个点（225,113），下一个点（255,120），按 Enter 键，指定起点切向（202,150），指定端点切向（280,150），按 Enter 键。

7）绘制直线的第一个点（255,180），下一个点（308,160），下一个点@5<90，下一个点@5<0，下一个点@30<-90，下一个点@5<-180，下一个点@5<90，下一个点（255,120），下一个点（255,180），按 Enter 键。

8）绘制直线的第一个点（308,160），下一个点@20<-90，按 Enter 键。

9）绘制多线段指定的起点（313,155），当前线宽为 0，下一个点@162<0，指定下一点圆弧 A，指定圆弧的端点（490,160），按 Enter 键。

10）绘制多线段指定的起点（313,145），当前线宽为 0，下一个点@162<0，指定下一点圆弧 A，指定圆弧的端点（490,140），指定圆弧的端点直线 L，下一个点（510,145），下一个点@10<90，下一个点（490,160），按 Enter 键。

2．参考表 2-8 中的样图，根据提示绘制图形（尺寸不用标注）。

表 2-8　样图及操作提示

样图	操作提示
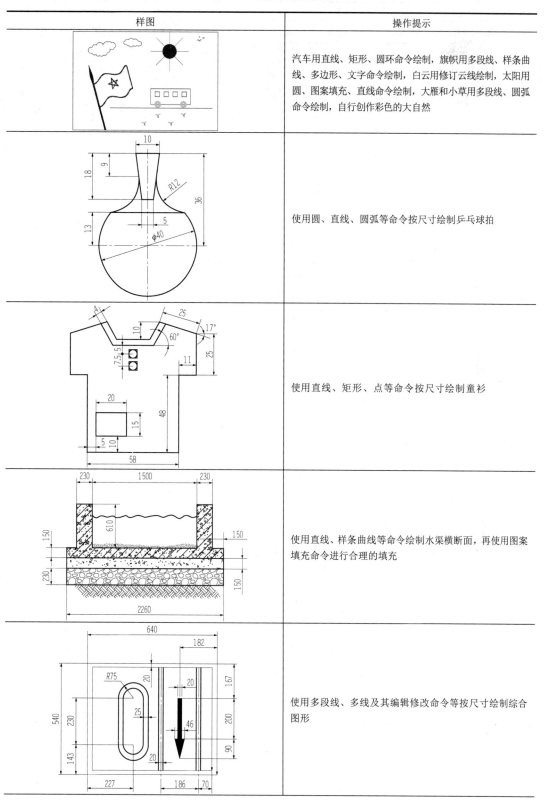	汽车用直线、矩形、圆环命令绘制，旗帜用多段线、样条曲线、多边形、文字命令绘制，白云用修订云线绘制，太阳用圆、图案填充、直线命令绘制，大雁和小草用多段线、圆弧命令绘制，自行创作彩色的大自然
	使用圆、直线、圆弧等命令按尺寸绘制乒乓球拍
	使用直线、矩形、点等命令按尺寸绘制童衫
	使用直线、样条曲线等命令绘制水渠横断面，再使用图案填充命令进行合理的填充
	使用多段线、多线及其编辑修改命令等按尺寸绘制综合图形

续表

样图	操作提示
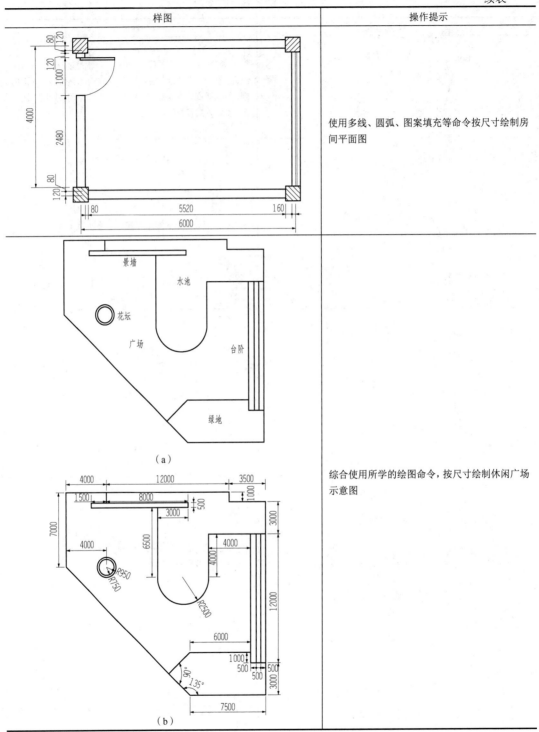	使用多线、圆弧、图案填充等命令按尺寸绘制房间平面图
	综合使用所学的绘图命令，按尺寸绘制休闲广场示意图

3 项目

应用图形编辑命令

>>>>>

◎ **项目导读**

本项目通过绘制餐桌椅、花瓷砖、装饰框、楼道、电风扇、窗花、时钟、中国结等典型图形，来介绍 AutoCAD 修改工具中常用的图形对象的复制类、位置和大小变化类、形状变化类命令等的应用。

◎ **学习目标**

知识目标

1）掌握编辑工具栏中各编辑命令的使用方法。
2）掌握编辑菜单栏中常用编辑命令的使用方法。
3）掌握编辑命令的选项使用方法及相关设置方法。

能力目标

1）能熟练使用复制、偏移、镜像等图形对象的复制类命令。
2）能熟练使用旋转、移动、拉伸、缩放等图形对象的位置和大小变化类命令。
3）能熟练使用修剪、延伸、打断、分解、圆角、倒角等图形对象的形状变化类命令。

素养目标

1）培养注重细节、认真负责、讲究效率的工作态度。
2）培养勤于思考、善于总结、勇于探索的科学精神。

绘 制 餐 桌 椅

任务描述

如图 3-1 所示，使用矩形、圆弧等命令绘制餐桌及椅子（未标注尺寸的按比例进行绘制）；再使用复制、旋转、移动等图形编辑命令，参照尺寸对称摆放所有的椅子。

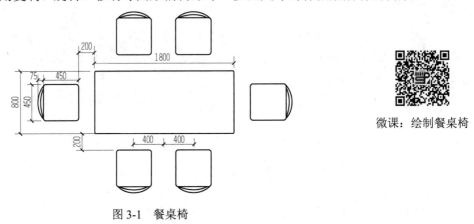

微课：绘制餐桌椅

图 3-1　餐桌椅

技能准备

编辑图形的操作有两种：一种是先执行编辑命令，后选择编辑对象；另一种是先选择编辑对象，再执行编辑命令（此时命令行不再提示选择对象）。这两种操作可根据个人习惯或实际情况灵活选用。

1. 复制

复制图形的方式如下。

1）在菜单栏中选择"修改"→"复制"命令。

2）在修改工具栏中单击"复制"按钮 。

3）在命令行输入：CO（COPY 的简化）。

输入 CO 命令后，命令行会出现以下提示信息：

选择对象：　　　　　　　　　　　　　　　　　//选取要复制的全部对象后,按 Enter 键
　　　　　　　　　　　　　　　　　　　　　　//或 Space 键结束
当前设置：　复制模式 = 多个　　　　　　　　　//默认为多个复制模式
指定基点或 [位移(D)/模式(O)] <位移>：
　　　　　　//指定图形基点,默认位移 D,输入模式 O,命令提示复制模式选项 [单个(S)/多个(M)]
指定第二个点或 [退出(E)/放弃(U)] <退出>：//指复制到的位置点

指定第二个点或 [退出(E)/放弃(U)] <退出>:

//重复复制直到按 Esc 键、Enter 键或 Space 键退出命令

图形复制时的效果如图 3-2 所示。

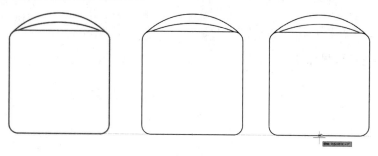

图 3-2　图形复制时的效果

2. 旋转

旋转图形的方式如下。

1）在菜单栏中选择"修改"→"旋转"命令。

2）在修改工具栏中单击"旋转"按钮 C。

3）在命令行输入：RO（**ROTATE** 的简化）。

输入 RO 命令后，命令行会出现以下提示信息：

    UCS 当前的正角方向： ANGDIR=逆时针 ANGBASE=0
//输入旋转角度为正(负)值,对象按逆(顺)时针旋转
    选择对象:
//选取要旋转的全部对象后,按 Enter 键或 Space 键结束
    指定基点: 　　　　　　　　　　　//指定旋转中心,一般捕捉特殊点
    指定旋转角度，或 [复制(C)/参照(R)] <0>: //默认直接输入旋转角度

各选项的说明如下。

① 复制（C）：旋转的同时可以复制对象。

② 参照（R）：以参照方式（相对角度）确定旋转角度，后续提示如下。

    指定参照角 <0>: 　　//输入一个参考角度值
    指定新角度:
       //输入一个新角度值,与参考角度值的差值就是旋转角度

图形旋转时的效果如图 3-3 所示。

3. 移动

移动图形的方式如下。

1）在菜单栏中选择"修改"→"移动"命令。

2）在修改工具栏中单击"移动"按钮 ✛。

3）在命令行输入：M（**MOVE** 的简化）。

输入 M 命令后，命令行会出现以下提示信息：

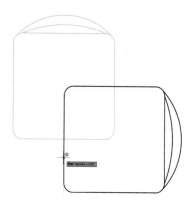

图 3-3　图形旋转时的效果

选择对象：
　　　　　　　　　　　　　　//选取要移动的全部对象后，按 Enter 键或 Space 键结束
指定基点或 [位移(D)] <位移>：　　//指定图形基点，一般捕捉特殊点
　　　　　　　　　//输入 D 后续提示指定位移 <0.0000，0.0000,0.0000>：
指定第二个点或 <使用第一个点作为位移>：//选择移动到的位置点

图形移动时的效果如图 3-4 所示。

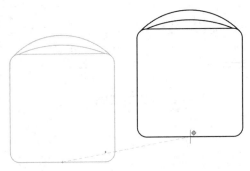

图 3-4　图形移动时的效果

任务实施

1）使用矩形命令及其圆角选项、圆弧命令等绘制一张桌子和一把椅子。
2）使用复制命令的多重复制模式，复制 5 把椅子。
3）使用旋转命令，将椅子按需要旋转到合适的方位。
4）使用移动命令，参照给定的尺寸将椅子对称地摆放到对应的位置。移动对象时，尽量通过输入位移值定位，比较难定位的可以绘制辅助线。

提示

　　因为旋转命令也有"复制（C）"选项，所以绘制一个图形后，直接旋转并复制将更加简单。本例为了介绍 3 个基本命令，分步绘制，建议大家尽量熟悉每个命令选项，在作图过程中多多思考，探究更多的作图技巧，以提高作图效率。

任务拓展

灵活地应用绘图命令和复制、旋转、移动等编辑命令，快速绘制如图 3-5 所示的三菱商标。

图 3-5　三菱商标

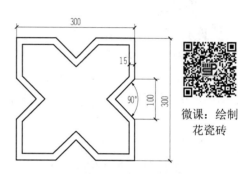

图 3-6　花瓷砖

微课：绘制
花瓷砖

任务描述

学会使用镜像、偏移、合并等图形编辑命令，参照任务实施步骤，绘制花瓷砖，如图 3-6 所示。

技能准备

1. 镜像

镜像图形的方式如下。

1）在菜单栏中选择"修改"→"镜像"命令。

2）在修改工具栏中单击"镜像"按钮 ⚠。

3）在命令行输入：MI（MIRROR 的简化）。

输入 MI 命令后，命令行会出现以下提示信息：

选择对象：

　　　　　　　　　　　　　　　　//选择全部镜像对象,按 Enter 键或 Space 键结束

指定镜像线的第一点：指定镜像线的第二点：　//指定镜像线上的两点

要删除源对象吗？[是(Y)/否(N)] <N>：　//默认不删除,输入 Y 可删除

然后按 Enter 键或 Space 键完成镜像。

当镜像的对象中包含文字时，文字默认不镜像。在命令行设置系统变量 Mirrtext 为 1，或者分解文字后才能镜像。

小技巧

1）指定镜像线上的两点时，最好捕捉特殊点，防止选错镜像线或出现偏差。

2）镜像线不一定是正交方向直线，若沿极轴追踪线指定倾斜的镜像线，则能把对象按某一角度镜像。

---

2. 偏移

偏移图形的方式如下。

1）在菜单栏中选择"修改"→"偏移"命令。

2）在修改工具栏中单击"偏移"按钮 ⊂。

3）在命令行输入：O（OFFSET 的简化）。

输入 O 命令后，命令行会出现以下提示信息：

```
指定偏移距离或 [通过(T)/删除(E)/图层(L)] <通过>:
    //输入偏移距离,或输入 T 偏移到指定点,输入 E 偏移后删除源对象,输入 L 可选择偏移图层
选择要偏移的对象,或 [退出(E)/放弃(U)] <退出>:
                  //选择偏移对象
指定要偏移的那一侧上的点,或 [退出(E)/多个(M)/放弃(U)] <退出>:
              //单击偏移侧的任意一点(注意对象捕捉点干扰);输入 M 可不再选对象、不再连续偏移
```

系统会重复以上两步操作，直到按 Enter 键或 Esc 键结束。

提示

"偏移"命令可以绘制同心圆、平行线、等距线等。偏移单个闭合对象，其形状不变、尺寸变化；偏移线段，其形状和尺寸都保持不变。偏移多段线时，若偏移距离 ≥ 圆角半径，则可能圆角变成尖角，也可能尖角变成圆角。

---

3. 合并

合并图形的方式如下。

1）在菜单栏中选择"修改"→"合并"命令。

2）在修改工具栏中单击"合并"按钮 ┲ 。

3）在命令行输入：J（JOIN 的简化）。

输入 J 命令后，命令行会出现以下提示信息：

```
Join 选择源对象:        //选择一条直线、多段线、圆弧、椭圆弧或样条曲线等
选择要合并到源的对象:     //选择多个要合并的对象后,按 Enter 键或 Space 键结束
```

"合并"命令有一定的合并局限性，如合并直线要共线，合并多段线不能有间隙，合并样条曲线要首尾相接，合并圆弧必须在同一假想圆上等，否则系统会放弃合并。在 AutoCAD 中，常用 PE 命令将独立的多条线段合并为一条多段线，详细介绍如下。

4. 合并多段线

合并多段线的方式如下。

1）在菜单栏中选择"修改"→"对象"→"多段线"命令。

2）在命令行输入：PE（PEDIT 的简化）。

输入 PE 命令后，命令行会出现以下提示信息：

```
命令: _pedit 选择多段线或 [多条(M)]:    //选择要合并的第一条线段
选定的对象不是多段线
是否将其转换为多段线? <Y>           //按 Enter 键确认将第一条线段转换为多段线
输入选项 [闭合(C)/合并(J)/宽度(W)/编辑顶点(E)/拟合(F)/样条曲线(S)/非曲线化
   (D)/线型生成(L)/反转(R)/放弃(U)]:j   //输入 j 合并其他线段
选择对象:                       //选择需合并的其余线段（要求首尾相连）
选择对象:                       //选择完毕后按 Enter 键或 Space 键确认合并
多段线已增加 ? 条线段 JOIN 选择源对象:    //系统提示合并线段的条数
```

任务实施

花瓷砖的绘制步骤如表 3-1 所示。

表 3-1　花瓷砖的绘制步骤

绘制示意图	绘制提示	绘制示意图	绘制提示
	1）设置合理的极轴增量角，熟练使用绘图辅助命令按照尺寸绘制上边 V 形的 4 段线（使用直线或多段线命令绘制都可以）		4）使用合并多段线命令，将四周轮廓的所有线段合并成一条多段线，此时单击即可选中全部的对象
	2）使用镜像命令，将上边 V 形的 4 段线按右端点沿 225°极轴追踪线镜像到右侧		5）若直接将各条线段向内侧偏移，则得到左图所示的图形，此时，还需要进行延伸或修剪，比较麻烦
	3）再使用"镜像"命令，将上边及右边共 8 条线段，按左上端点沿 315°极轴追踪线镜像到左下方，得到完整的四周轮廓		6）使用偏移命令，将多段线向内侧偏移合适的距离，即可得到花瓷砖

任务拓展

使用直线、偏移、镜像等命令绘制如图 3-7 所示的楼道（轴线可省略不绘制）。

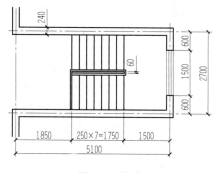

图 3-7　楼道

绘 制 装 饰 框

任务描述

先使用正多边形、旋转、偏移、复制等命令绘制图形，再灵活使用修剪或延伸命令绘制装饰框，如图 3-8 所示。

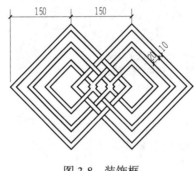

图 3-8　装饰框

技能准备

1．修剪

修剪图形的方式如下。

1）在菜单栏中选择"修改"→"修剪"命令。

2）在修改工具栏中单击"修剪"按钮 。

3）在命令行输入：TR（TRIM 的简化）。

输入 TR 命令后，命令行会出现以下提示信息：

```
当前设置:投影=UCS,边=无
选择剪切边…                    //选择修剪边界,按 Enter 键默认全部对象相互作为边界
选择对象或 <全部选择>:         //选择边界结束后按 Enter 键或 Space 键
选择要修剪的对象,或按住 Shift 键选择要延伸的对象,或
    [栏选(F)/窗交(C)/投影(P)/边(E)/删除(R)/放弃(U)]:
                //选择要修剪的对象;此时按住 Shift 键选择对象即可延伸对象,相当于延伸命令
```

> **注意**
>
> 当两条线相交但不穿越时是无法修剪的，只有越过边界线的对象才可以被修剪。

2. 延伸

延伸图形的方式如下。

1）在菜单栏中选择"修改"→"延伸"命令。

2）在修改工具栏中单击"延伸"按钮→。

3）在命令行输入：EX（EXTEND 的简化）。

输入 EX 命令后，命令行会出现以下提示信息：

```
当前设置:投影=UCS,边=无
选择边界的边...              //即选择延伸边界,按 Enter 键默认全部对象相互作为边界
选择对象或 <全部选择>:        //选择边界结束要按 Enter 键或 Space 键
选择要延伸的对象,或按住 Shift 键选择要修剪的对象,或
    [栏选(F)/窗交(C)/投影(P)/边(E)/删除(R)/放弃(U)]:
                //选择要延伸的对象;此时按住 Shift 键选择对象即可修剪对象,相当于修剪命令
```

任务实施

1）使用正多边形命令，以内接于圆的方式（圆半径为 150）绘制最外框；然后将其旋转 45°。

2）使用偏移命令，按照间距尺寸 10、20 依次将框向内偏移，得到一组线框。

3）将一组线框复制到右侧，基点水平的位移间距为 150。

4）灵活使用修剪和延伸命令（按住 Shift 键切换），参照样图修改装饰框。

任务拓展

使用所学的绘图及编辑命令，并探究其方法技巧，快速绘制如图 3-9 所示的图形。

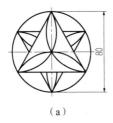 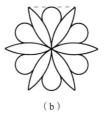

（a）　　　　　　　　　　（b）

图 3-9　装饰图形

任务 3.4

绘 制 楼 道

任务描述

使用打断、打断于点、分解、删除等命令及特性设置、夹点操作等方法，参照任务实施中的步骤，绘制楼道，如图 3-10 所示。

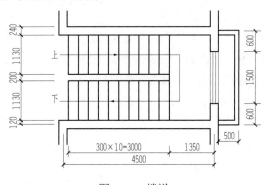

图 3-10　楼道

技能准备

1. 打断

打断图形的方式如下。

1）在菜单栏中选择"修改"→"打断"命令。

2）在修改工具栏中单击"打断"按钮 。

3）在命令行输入：Br（BREAK 的简化）。

输入 Br 命令后，命令行会出现以下提示信息：

BREAK 选择对象：　　　　　　　　//选择对象,同时拾取打断点 1

指定第二个打断点或［第一点(F)］：　//拾取打断点 2,输入 F 重新拾取打断点 1

> **提示**
>
> 拾取线上的两点（可使用对象捕捉追踪，输入距离），将删除两点间的一段；如果一点在线内，一点在线外超出端点，则可删除一端；输入"@"则使用第一个点切断对象。

2. 打断于点

打断于点的方式如下：在修改工具栏中单击"打断于点"按钮□。
单击"打断于点"按钮后，命令行会出现以下提示信息：

```
BREAK 选择对象:                        //选择对象（圆不能打断于点）
指定第二个打断点 或 [第一点(F)]: _f    //默认输入 F
指定第一个打断点:                      //拾取打断点 1 并切断对象
```

3. 分解

分解图形的方式如下。
1）在菜单栏中选择"修改"→"分解"命令。
2）在修改工具栏中单击"分解"按钮▱。
3）在命令行输入：X（EXPLODE 的简化）。
输入 X 命令后，命令行会出现以下提示信息：

```
选择对象:    //选择需要分解的对象,按 Enter 键或 Space 键确认即可
```

> **提示**
>
> 多线、多段线、图块、填充图案、尺寸等复合对象，一旦被分解后就失去相应的特
> 性；分解后图形不发生变化，但各部分可以单独编辑或修改。

4. 删除

删除图形的方式如下。
1）在菜单栏中选择"修改"→"删除"命令。
2）在修改工具栏中单击"删除"按钮✐。
3）在命令行输入：E（ERASE 的简化）。
输入 E 命令后，命令行会出现以下提示信息：

```
选择对象:    //选择需要删除的对象,按 Enter 键或 Space 键确认即可
```

当然，在选取对象后，也可以按 Delete 键直接删除对象。

5. 通过夹点编辑几何图形

夹点的类型有以下 3 种。
1）冷夹点：未选中的夹点，默认为蓝色小方块，如图 3-11（a）所示。
2）悬停夹点：鼠标指针在其上悬停时的夹点，显示为绿色小方块，如图 3-11（b）所示。
3）热夹点：选中的夹点，显示为红色小方块，如图 3-11（c）所示。

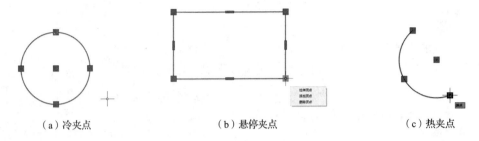

建筑 CAD 项目教程（微课版）

（a）冷夹点　　　　　　　　　　（b）悬停夹点　　　　　　　　　（c）热夹点

图 3-11　图形的夹点类型

夹点的编辑方式是一种集成的编辑模式，包含拉伸、移动、旋转、缩放和镜像 5 种编辑模式。选中某个夹点，该夹点高亮显示为红色小方块，命令行出现以下提示信息：

指定拉伸点或 [基点(B)/复制(C)/放弃(U)/退出(X)]：

在此命令行提示下，可通过以下 3 种方法切换到拉伸、移动、旋转、缩放、镜像等编辑模式。

1）按一次或多次 Enter 键，依次切换编辑模式。

2）按一次或多次 Space 键，依次切换编辑模式。

3）右击某个夹点，在弹出的快捷菜单中直接选择编辑模式。

6. 使用特性命令编辑几何图形

对象特性包含一般特性和几何特性，一般特性是指对象的颜色、图层、线型、比例及

图 3-12　"特性"面板

线宽等；几何特性是基于某个对象形状、大小、位置的特性，如圆的半径、圆心、周长、面积等，以及直线的端点坐标、坐标增量、长度、角度等。使用特性命令可以全方位地编辑对象特性。

（1）打开"特性"面板的方式

1）在标准工具栏中单击"特性"按钮。

2）双击某对象。

3）右击某对象，在弹出的快捷菜单中选择"特性"命令。

4）按 Ctrl+1 组合键。

5）在命令行输入：Pr（PROPERTIES 的简化）。

（2）设置"特性"面板

选中的对象不同，系统在"特性"面板中显示的内容也不同。如图 3-12 所示，可以直接在"特性"面板的"几何图形"选项组中修改对象的特性参数，然后按 Enter 键确认即可改变图形的位置与大小。

⚙ 任务实施

楼道的绘制步骤如表 3-2 所示。

表 3-2　楼道的绘制步骤

绘制示意图	绘制提示
	1）创建间距分别为 120、240 的两种多线样式，使用"多线"命令，选择合适的对正方式和比例，按尺寸绘制墙体与雨篷，然后使用多线编辑工具修改多线接头； 2）使用直线命令按尺寸绘制楼梯的一条直线
	3）使用打断于点命令将直线在其中点处打断，再在断点处拖动夹点缩短 100（追踪导向、输入 100），或在"特性"面板中将直线长度减去 100； 4）使用分解命令将开窗位置的多线进行分解，然后使用打断命令，选择"第一点（F）"选项，再按中点上下相距 750 对称地指定两个打断点，断去两条线的中间一段
	5）使用偏移命令，设置偏移距离为 300，选择"多个（M）"选项，将直线向左连续偏移出 10 条直线； 6）连接窗户的一条直线，选择直线中点为热夹点，在热夹点上右击，在弹出的快捷菜单中选择"复制"命令，鼠标指针水平导向，然后从键盘输入 80、160、240，复制出 3 条直线后按 Esc 键退出
	7）连接其余直线段； 8）使用多段线命令绘制行进方向线；使用文字命令，选择合适的文字高度注写文字

 任务拓展

先绘制如图 3-13 所示的原图，再合理使用打断、打断于点命令修改相关线条的线型和线宽。

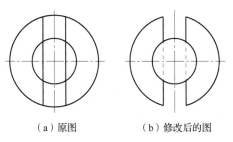

（a）原图　　　　（b）修改后的图

图 3-13　铁艺支架

┌─ **提示** ─────────────────────────────────┐
│ 　　圆可按逆时针打断中间圆弧，但不能打断于某点；当尺寸数字与中心线重叠时，可使用打断命令将中心线截掉一段。 │
└──────────────────────────────────────┘

任务 3.5

绘制电风扇

任务描述

使用圆、直线、镜像、旋转（复制）等命令绘制如图 3-14 所示的电风扇，再使用圆角、倒角命令，按图中的标注对其进行修剪/不修剪圆角、不对称倒角等编辑操作。

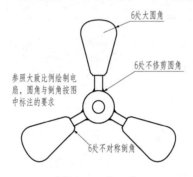

图 3-14 电风扇

技能准备

圆角使用与对象相切且具有指定半径的圆弧连接两个对象，倒角使用成角的直线连接两个对象。

1. 圆角

对图形进行圆角操作的方式如下。

1）在菜单栏中选择"修改"→"圆角"命令。

2）在修改工具栏中单击"圆角"按钮 。

3）在命令行输入：F（FILLET 的简化）。

输入 F 命令后，命令行会出现以下提示信息：

> 当前设置：模式 = 修剪,半径 = 0.0000
> 选择第一个对象或 [放弃(U)/多段线(P)/半径(R)/修剪(T)/多个(M)]:
> //输入 R 可以设置圆角半径
> 指定圆角半径 <0.0000>:　　　　//<>中的值是默认半径,或按 Enter 键默认或输入半径
> 选择第一个对象或 [放弃(U)/多段线(P)/半径(R)/修剪(T)/多个(M)]:
> //选择第 1 个对象
> 选择第二个对象,或按住 Shift 键选择要应用角点的对象: //选择第 2 个对象

各选项的说明如下。

① 多段线（P）：对多段线的所有顶点（交角）进行圆角，如可以对矩形的四角同时进行圆角。

② 半径（R）：指定圆角半径。

③ 修剪（T）：选择是否修剪，默认是上一次的设置。后续的提示如下。

输入修剪模式选项 ［修剪(T)/不修剪(N)］ <修剪>：　　　 //不修剪是指保留原来的线条

④ 多个（M）：可对多个对象进行圆角，多处同半径圆角时，无须重启命令。

小技巧

1）当圆角半径为 0 时，相当于两个对象或修剪或延伸，刚好相接。

2）当使用圆弧连接时，其中的凹形圆弧可以用圆角来绘制。

3）两条等长的平行线段可以使用圆角命令直接生成一个半圆连接两条直线，半圆半径是平行线间距的一半，这样可方便地绘制键槽或半圆头图形。

2.　倒角

对图形进行倒角操作的方式如下。

1）在菜单栏中选择"修改"→"倒角"命令。

2）在修改工具栏中单击"倒角"按钮 。

3）在命令行输入：CHA（CHAMFER 的简化）。

输入 CHA 命令后，命令行会出现以下提示信息：

("修剪"模式) 当前倒角距离 1 = 0.0000,距离 2 = 0.0000
选择第一条直线或 [放弃(U)/多段线(P)/距离(D)/角度(A)/修剪(T)/方式(E)/多个(M)]:
　　　　　　　　　　　　//输入 D 可修改倒角距离
指定第一个倒角距离 <0.0000>:　　//输入第一倒角距离
指定第二个倒角距离 <1.0000>:
　　　　　　　//< >中的值是默认倒角距离,或按 Enter 键默认或输入倒角距离
选择第一条直线或 [放弃(U)/多段线(P)/距离(D)/角度(A)/修剪(T)/方式(E)/多个(M)]:
　　　　　　　　　　　//选择第 1 个对象
选择第二条直线,或按住 Shift 键选择要应用角点的直线:
　　　　　　　　　　　//选择第 2 个对象

各选项的说明如下。

① 多段线（P）：对多段线的所有顶点（交角）进行倒角，如可以对矩形的四角同时进行倒角。

② 距离（D）：指定两个倒角距离（两个倒角距离可以不同）。

③ 角度（A）：可以给定一个距离值和一个角度以产生倒角。

④ 修剪（T）：选择是否修剪，默认是上一次的设置。后续的提示如下。

输入修剪模式选项 [修剪(T)/不修剪(N)] <修剪>：

⑤ 方式（E）：选择修剪方法，后续的提示如下。

输入修剪方法 [距离(D)/角度(A)] <距离>：　　　　　　//两个选项的含义同上

⑥ 多个（M）：可以对多个对象进行倒角，多处倒角相同时，无须重启命令。

> **提示**
>
> 在进行圆角或倒角的过程中，选择对象的先后顺序及指定点都可能影响结果；若按住 Shift 键，再选择第 2 个对象，则可以将两个相交或不相交的对象刚好直接连接。

 任务拓展

绘制蹲便器，如图 3-15 所示（提示：先按尺寸绘制矩形并偏移，再使用圆角、倒角命令进行编辑）。

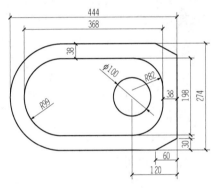

图 3-15　蹲便器

绘 制 窗 花

 任务描述

使用已学的命令绘制如图 3-16 所示的窗花的一部分，再使用环形阵列命令形成一个窗花，然后使用矩形阵列命令组成整个窗花。

微课：绘制窗花

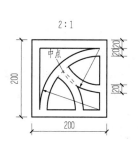

图 3-16　窗花

技能准备

阵列的相关内容如下。

（1）对图形进行阵列操作的方式

1）在菜单栏中选择"修改"→"阵列"命令。

2）在修改工具栏中单击"阵列"按钮🛠️▦🔁。

3）在命令行输入：AR（ARRAY 的简化）。

（2）设置阵列参数

输入 AR 命令后，默认在命令行选择阵列类型、设置参数（熟练阵列设置后可用）。输入 ARRAY 命令后，会弹出"阵列"对话框，比较直观，如图 3-17 所示。先选中"矩形阵列"或"环形阵列"单选按钮，再单击"选择对象"按钮，返回绘图区选择对象后，按 Enter 键或 Space 键返回对话框。参数设置完毕后，建议先单击"预览"按钮查看阵列结果，再单击"确定"按钮确认（熟练后可直接确认）。若需要修改，则按 Esc 键返回对话框进行修改即可。

图 3-17　"阵列"对话框

1）矩形阵列的各项设置说明如下。

① 行数、列数：输入行数、列数。

② 行偏移：输入行之间的间距（包括对象高度），向上偏移为正，向下偏移为负。

③ 列偏移：输入列之间的间距（包括对象宽度），向右偏移为正，向左偏移为负。

④ 阵列角度：阵列行与水平线之间的夹角，水平向右为 0°，逆时针为正，顺时针为负。

> **提 示**
>
> 直接单击行、列偏移文本框右侧的"拾取两个偏移"按钮，返回绘图区拾取矩形的两个角点，则矩形的两个边长对应两个方向的偏移距离。也可以分别单击右侧的"拾取行偏移"按钮或"拾取列偏移"按钮，返回绘图区拾取两个点，则两个点之间的垂直距离作为行偏移距离，水平距离作为列偏移距离。

行间距和列间距的正负与阵列方向的关系如表 3-3 所示。

表 3-3　行间距和列间距的正负与阵列方向的关系

行间距	列间距	阵列方向
正值	正值	右上角
正值	负值	左上角
负值	正值	右下角
负值	负值	左下角

如图 3-18 所示的阵列，可理解为行偏移 30，列偏移 40，阵列角度为 60°；也可以理解为行偏移 40，列偏移-30，阵列角度为-30°。

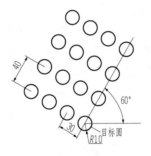

图 3-18　矩形阵列设置示例

2）环形阵列的各项设置说明如下，如图 3-19 所示。

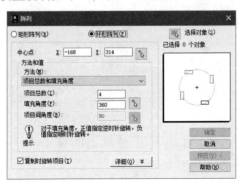

图 3-19　"环形阵列"设置

① 中心点：输入环形阵列中心点坐标，或单击右侧的![]按钮，返回绘图区拾取点。

② "方法"下拉列表：包括项目总数和填充角度、项目总数和项目间的角度、填充角

度和项目间的角度 3 个选项，按照需要选择相应的方法即可。

③ 项目总数：输入生成图形的总个数（包括原对象）。

④ 填充角度：默认 360° 在一个圆周上均布。

⑤ 项目间角度：均布对象之间的圆心角。角度为正时，逆时针方向排列；角度为负时，顺时针方向排列。

⑥ 复制时旋转项目：选中该复选框后，阵列的同时将对象绕中心旋转。

环形阵列设置示例如图 3-20 所示。

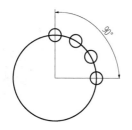 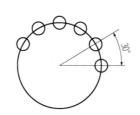 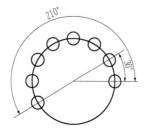

（a）项目总数为4，填充角度为90° （b）项目总数为6，项目间的角度为30° （c）填充角度为210°，项目间的角度为30°

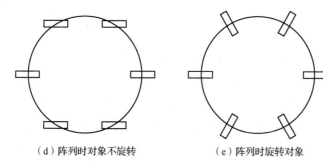

（d）阵列时对象不旋转   （e）阵列时旋转对象

图 3-20 环形阵列设置示例

3）路径阵列：可沿整个路径或部分路径平均分布对象副本，通常按命令行提示选取对象、选取路径曲线，再定数或定距进行阵列。

 任务拓展

灵活使用绘图命令及阵列命令，绘制如图 3-21 所示的仿木地板瓷砖和如图 3-22 所示的圆餐桌（餐椅尝试使用环形阵列和路径阵列方法进行摆放）。

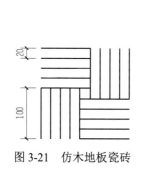

图 3-21 仿木地板瓷砖

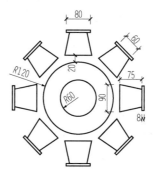

图 3-22 圆餐桌

任务 3.7

绘 制 时 钟

任务描述

如图 3-23 所示，先使用已学命令绘制表盘及刻度，然后绘制分针并复制两个，使用缩放、拉伸、拉长等命令得到时针及秒针，最后使用对齐命令摆出当前的时间。

图 3-23　时钟

微课：绘制时钟

技能准备

1．缩放

缩放图形的方式如下。

1）在菜单栏中选择"修改"→"缩放"命令。

2）在修改工具栏中单击"缩放"按钮。

3）在命令行输入：SC（SCALE 的简化）。

输入 SC 命令后，命令行会出现以下提示信息：

```
选择对象：                        //选择需要缩放的对象,按 Enter 键或 Space 键结束
指定基点：                        //指定一点,此点固定不动
指定比例因子或 ［复制(C)/参照(R)］ <1.0000>： //比例因子大于 1 放大,小于 1 缩小
```

各选项的说明如下。

① 复制（C）：复制出按比例缩放的图形，并保留原来的对象。

② 参照（R）：通常在比例计算比较麻烦时选用，实际缩放比例=指定新的长度值/指定参照长度值。

输入 R 命令后，命令行中会出现以下提示信息：

```
指定参照长度 <1.0000>:指定第二点：  //输入缩放前的长度,或从原图拾取长度
指定新的长度或 ［点(P)］ <1.0000>:
                    //原参照长度缩放到新的长度,对其他图线也进行相应的缩放
```

2．拉伸

拉伸图形的方式如下。

1）在菜单栏中选择"修改"→"拉伸"命令。

2）在修改工具栏中单击"拉伸"按钮。

3）在命令行输入：S（STRETCH 的简化）。

输入 S 命令后，命令行会出现以下提示信息：

以交叉窗口或交叉多边形选择要拉伸的对象…

选择对象：　　　　　　　　　　　//用 C 窗口选择对象,按 Enter 键或 Space 键结束
指定基点或 [位移(D)] <位移>：　　　//指定拉伸的起点
指定第二个点或 <使用第一个点作为位移>：　//指定拉伸的终点

注意

必须以交叉 C 窗口（右窗选）选择对象的一部分,与窗口相交的对象可拉伸或缩短（但圆、文本、块和属性等不能拉伸）,而窗口内的对象保持连接并被移动。拉伸后,标注的尺寸会自动修改。

3. 拉长

拉长图形的方式如下。

1）在菜单栏中选择“修改”→“拉长”命令。

2）在命令行输入：LEN（LENGTHEN 的简化）。

输入 LEN 命令后,命令行会出现以下提示信息：

选择对象或 [增量(DE)/百分数(P)/全部(T)/动态(DY)]：　//输入选项
选择要修改的对象或 [放弃(U)]：　　　　　　　　//选中要拉长的对象
指定新端点：　　　　　　　　　　　　　　　　//拉伸到所需的点

各选项的说明如下。

① 增量（DE）：输入增量改变原长度,正值变长,负值变短。

② 百分数（P）：以总长的百分比形式改变原长度,大于 100 拉长,小于 100 缩短。

③ 全部（T）：以新长度改变原长度,将输入值作为全长进行拉长或缩短。

④ 动态（DY）：动态地改变原长度。

例如,将圆弧按百分比拉长到 150%,如图 3-24（a）所示；将中心线按增量拉长 3mm,如图 3-24（b）所示。

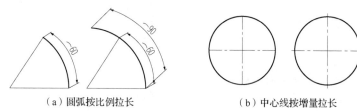

（a）圆弧按比例拉长　　　　　　　　　（b）中心线按增量拉长

图 3-24　拉长的效果

提示

当拉长命令行提示“选择要修改对象”时,单击对象的某端也就是指明了拉长的方向。

4. 对齐

对齐图形的方式如下。

1）在菜单栏中选择"修改"→"三维操作"→"对齐"命令。

2）在命令行输入：AL（ALIGN 的简化）。

输入 AL 命令后，命令行会出现以下提示信息：

选择对象：	//选择要对齐的对象，按 Enter 键或 Space 键结束
指定第一个源点：	//选择第 1 个源点（可捕捉不在对象上的点，下同）
指定第一个目标点：	//选择第 1 个目标点（目标点可与源点重合，下同）
指定第二个源点：	//选择第 2 个源点
指定第二个目标点：	//选择第 2 个目标点
指定第三个源点或 <继续>：	//若不再选取，则直接按 Enter 键
是否基于对齐点缩放对象？[是(Y)/否(N)] <否>：	//选择是否按比例缩放对象

对齐的效果如图 3-25 所示，按 2 个点对齐，不缩放对象，如图 3-25（a）所示；按 4 个点对齐，并缩放对象，如图 3-25（b）所示；按 6 个点对齐，不缩放对象，如图 3-25（c）所示。

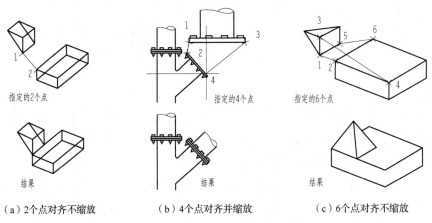

| （a）2个点对齐不缩放 | （b）4个点对齐并缩放 | （c）6个点对齐不缩放 |

图 3-25　对齐的效果

⚙ 任务实施

时钟的绘制步骤如表 3-4 所示。

表 3-4　时钟的绘制步骤

绘制示意图	绘制提示
⏰	1）使用圆命令绘制表盘；使用矩形或直线命令绘制某一刻度，然后环形阵列图形，并修改线宽

续表

绘制示意图	绘制提示
	2）绘制创意分针，并复制出两个，使用拉伸、比例、拉长等命令修改成合适大小的时针与秒针
	3）使用对齐命令将 3 个针摆出当前的时间（可考虑绘制直线并等分用来辅助定位），其中秒针要求基于对齐点缩放对象

任务拓展

按标注尺寸绘制一扇门（门把手等细节可大致绘制），复制门并使用拉伸、镜像等命令绘制双开门，如图 3-26 所示，左右门垛为对称关系。

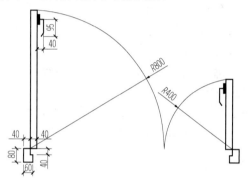

图 3-26　双开门

绘 制 中 国 结

任务描述

在学习了常用的绘图命令和图形编辑命令后，开始综合绘图。如图 3-27 所示，要求保证两个给定尺寸，选择合适的方法快速地绘制图形。每个图形都有多种绘制方法，关键要探索出适合自己的方法，并在绘图中不断地训练与巩固，从而提高绘图效率。

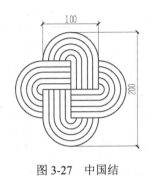

图 3-27　中国结

> **注意**
>
> 　1）俗话说"三思而后行"，拿到一张图样后，通常先花几分钟时间分析图形，理清绘图的步骤与方法。对于较难的图形，先进行讨论交流也是有必要的。
>
> 　2）合理、熟练地应用各种绘图辅助工具，尽量少画，甚至不画辅助线条。
>
> 　3）不要重复地绘制相同的或对称的图形对象，应熟练地使用复制、镜像、阵列等编辑方法，从而节省绘图时间。
>
> 　4）根据具体情况，熟练地使用 AutoCAD 软件的各种功能按钮或快捷键，以提高绘图的效率，保证绘图的准确性。
>
> 　5）当图形绘制有错误时，尽量不要删除重画。尽可能使用移动、拉长、拉伸、缩放等编辑命令进行修改，或通过夹点和"特性"面板进行修改。

🔧 任务实施

　1）图形分析：图 3-27 是由很多间距均匀的直线和圆弧组成的，故考虑使用偏移命令。如果马上绘制出直线段和圆进行偏移和修剪，那修剪的工作量是相当大的。

　2）尝试先使用圆弧命令绘制半圆（或绘制圆再修剪），再绘制出直线段进行偏移，但半圆弧和直线都是单独偏移的，偏移操作需要重复很多次。此时，可以考虑将半圆弧与直线段合并成多段线，或者直接使用多段线绘制出半圆弧与直线段，然后整体偏移。

　3）仔细观察，发现图 3-27 可分解成形状相同的 4 个部分，因此，可先绘制出 1/4 图形，再进行环形阵列即可快速完成，这极大地提高了绘图效率。

　　具体的步骤示意如图 3-28 所示。

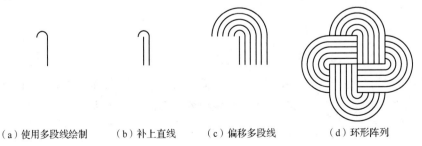

（a）使用多段线绘制　　　（b）补上直线　　　（c）偏移多段线　　　（d）环形阵列

图 3-28　绘制中国结的步骤示意图

任务拓展

综合使用已学的绘图命令和图形编辑命令绘制中国结，如图 3-29 所示。

图 3-29　中国结

直 击 工 考

一、填空题

1．阵列方式可分为_____、_____和_____ 3 种。

2．在绘制对称图形时，只需要绘制图形的一半，另一半可以使用_____命令得到。

3．在绘图过程中，若出现误操作，则使用_____命令可以帮助用户取消这些操作。

4．复制的对象与原对象的大小、方向均_____。

5．当圆角半径设为_____时，选择"圆角"命令也能修剪两条相交直线，或将两条未相交直线刚好延长相接。

二、选择题

1．使用倒角命令进行倒角时（　　　）。

　　A．不能对多段线对象进行倒角　　　　B．可以对样条曲线对象进行倒角

　　C．不能对文字对象进行倒角　　　　　D．不能进行不对称倒角

2．若要使圆的圆心移动到直线中点，则选择圆心为基点并使用（　　　）命令。

　　A．正交　　　　　　B．对象捕捉　　　　C．栅格　　　　　D．捕捉

3．使用偏移命令偏移对象时（　　　）。

　　A．必须指定偏移距离

　　B．不可以指定偏移通过特殊点

　　C．不可以偏移开口曲线和封闭线框

　　D．原对象的某些特征可能在偏移后消失

4．使用复制命令复制对象时，不可以（　　　）。

　　A．原地复制对象　　　　　　　　　　B．同时复制多个对象

　　C．一次把对象复制到多个位置　　　　D．同时旋转对象

5．下列关于拉伸对象的说法中，不正确的是（　　　　）。

    A．直线在窗选内的端点不动，在窗选外的端点移动

    B．拉伸区域填充部分对象时，窗选外的端点不动，窗选内的端点移动

    C．拉伸圆弧的弦高不变，主要调整圆心的位置及圆弧的起始角和终止角

    D．多段线两端的宽度、切线方向、曲线及拟合信息均不改变

三、判断题

1．使用删除命令选择删除对象时，用户只能选择一个对象进行删除。   （　　　）

2．使用镜像命令镜像对象时，既可以保留源对象，也可以删除源对象。 （　　　）

3．复制操作和偏移操作均可用来绘制已有直线的平行线。   （　　　）

4．使用修剪命令时，也可以执行延伸操作。   （　　　）

5．创建倒角和圆角时，通过设置既可以修剪多余的边，也可以保留这些边。（　　　）

四、绘图题

参考图 3-30，综合运用已学命令快速绘制各图形，并探究方法与技巧。

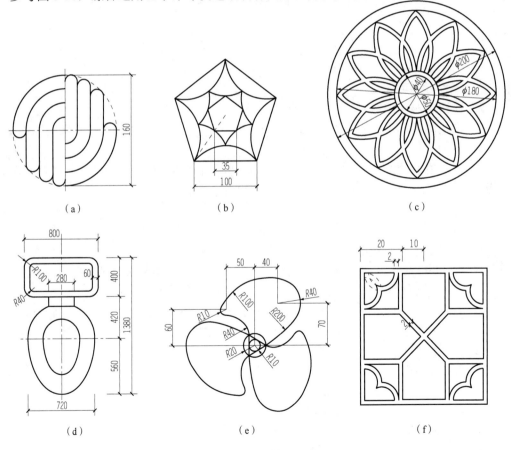

图 3-30　生活设施图形

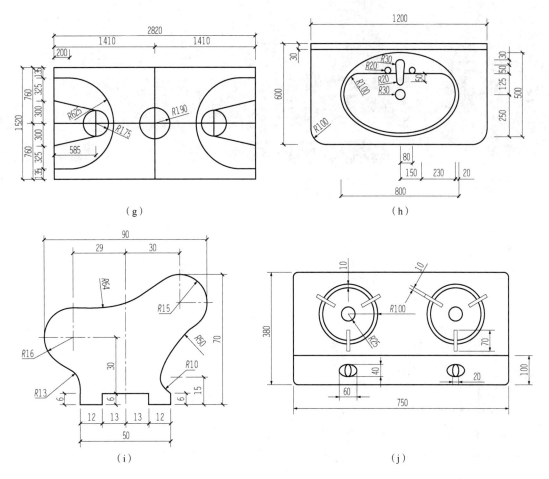

图 3-30（续）

4 项目

配置绘图环境

>>>>>

◎ **项目导读**

　　本项目通过图幅图框的绘制、标题栏属性块的创建、图形尺寸的标注、图层的设置，以及视图的布局和图纸打印，系统地介绍 AutoCAD 绘制一张完整的图纸并打印输出的全过程。

◎ **学习目标**

知识目标

1）掌握尺寸的标注和尺寸样式的使用方法。
2）掌握图层的常规设置方法。
3）理解三视图的投影规律，学会绘制多个视图。

能力目标

1）能正确设置绘图环境的参数。
2）能正确绘制图幅、图框，并创建标题栏属性块。
3）能对图形进行合理的布局并打印。

素养目标

1）强化规范意识、标准意识，严格执行制图规范、标准。
2）在绘制过程中，培养凝神聚力、精益求精、追求极致的职业品质。

创建图形样板

任务描述

微课：创建图形样板

1）设置图形单位为毫米，格式如下：长度类型为"小数"，精度为"0.00"；角度类型为"度/分/秒"，精度为"0°0′"。设置绘图区为白底，十字光标大小为3，圆弧和圆的平滑度为10000，自动保存时间间隔为5分钟，捕捉标记颜色为紫色，拾取框大一号等。

2）参照图 4-1，按国标绘制 A2 横向图纸的图幅、图框、会签栏等，创建标题栏属性块并插入，另存为图形模板。

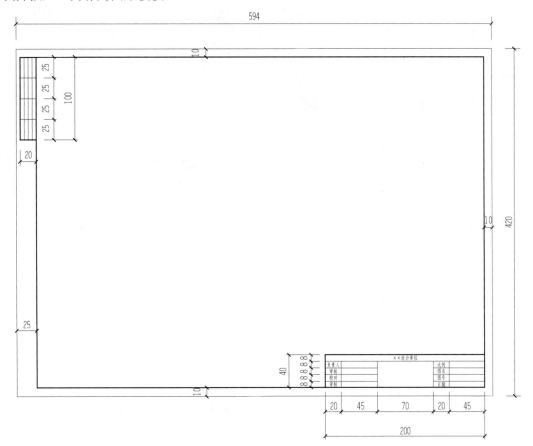

图 4-1　A2 图幅图框

✾ **技能准备**

1. 设置图形单位

根据建筑规范要求，施工图中的尺寸，标高和总平面图以米为单位，一般施工图中应以毫米为单位，单位精度为整数位，因此绘图前必须先设置图形单位。

（1）设置图形单位的方式

1）在菜单栏中选择"格式"→"单位"命令。

2）在命令行输入：UN（UNITS 的简化）。

（2）"图形单位"对话框

输入图形单位命令后，弹出"图形单位"对话框，如图 4-2 所示，在该对话框中可以设置单位、长度和角度的类型及精度等。

该对话框中的选项说明如下。

1）长度类型：包括分数、工程、建筑、科学、小数。

2）角度类型：包括十进制度数、百分度、角/分/秒、弧度、勘测单位。精度根据实际要求选择小数位数；"顺时针"复选框用于指定角度的正方向，默认为逆时针方向。

单击"方向"按钮，可弹出"方向控制"对话框，如图 4-3 所示，在该对话框中可定义起始角方位，通常将"东"作为 0° 角方向。

图 4-2 "图形单位"对话框

图 4-3 "方向控制"对话框

2. 设置绘图选项

在菜单栏中选择"工具"→"选项"命令（或在命令行输入 Op 命令），弹出"选项"对话框，如图 4-4 所示，在该对话框中可以设置合适的绘图环境，几个常用选项卡介绍如下。

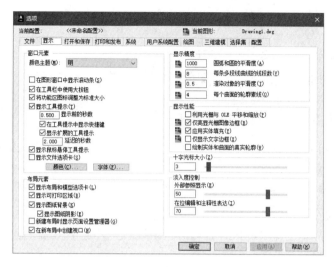

图4-4 "选项"对话框

1）"显示"选项卡：通常用于设置窗口元素、布局元素、显示精度、十字光标大小等。单击"颜色"按钮，弹出"图形窗口颜色"对话框，如图4-5所示，选择颜色后，单击"应用并关闭"按钮即可改变背景色。

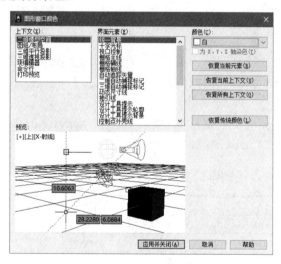

图4-5 "图形窗口颜色"对话框

2）"打开和保存"选项卡：可设置文件的保存类型、自动保存的间隔时间等。建议设置自动存盘时间，并选中"每次保存时均创建备份副本"复选框，这样在保存图形文件的目录中同时保存了"*.dwg"和"*.bak"两个同名文件，当"*.dwg"无法打开时，只要将"*.bak"文件的扩展名修改为"*.dwg"即可。

3）"打印和发布"选项卡：主要选择输出打印机，以及设置打印的参数。

4）"绘图"选项卡：可设置自动捕捉的标记颜色、标记大小和靶框大小等。

5）"选择集"选项卡：主要设置拾取框的大小、选择集模式和夹点大小、颜色等。

"选项"对话框的各选项卡中的其他可设置内容请自行探究。

3. 设置图形界限

设置图形界限的方式如下。

1）在菜单栏中选择"格式"→"图形界限"命令。

2）在命令行输入：Limits。

输入 Limits 命令后，命令行会出现以下提示信息：

```
重新设置模型空间界限：                                    //系统提示
指定左下角点或 [开(ON)/关(OFF)] <0.0000,0.0000>：        //默认左下角为原点
指定右上角点 <297.0000,210.0000>：594,420               //当前修改成 A2 图纸横向
```

选择命令选项"ON"，则绘制的图形不能超出图形界限。按 F7 键显示栅格，然后双击滚轮，将看到栅格显示的图形界限，打印时也可以直接按这个图形界限进行打印。

> **提示**
>
> 设置图形界限时应综合考虑打印的出图图幅和绘图比例。例如，绘制 1∶100 的建筑图纸，计划打印到横向 A2 图幅上，可将图形界限的左下角点设为（0,0），右上角点设为（59400,42000），然后在模型空间按 1∶1 进行绘图，这样会比较方便。

4. 绘制图幅、图框

使用直线或矩形命令绘制图幅、图框，图幅使用细实线进行绘制，图框使用粗实线进行绘制，图样绘制在图框内部。图框格式分为留装订边和不留装订边两种，同一产品的图样只能使用一种格式。

国标规定的图幅及图框尺寸如表 4-1 所示（单位：mm），A0～A3 图纸宜采用横式幅面（以图纸短边作为垂直边），A4 图纸宜采用竖式幅面。

表 4-1　国标规定的图幅及图框尺寸

尺寸代号	幅面代号				
	A0	A1	A2	A3	A4
$b×l$	841×1189	594×841	420×594	297×420	210×297
c	10			5	
a	25				

注：表中的 b 为幅面短边尺寸，l 为幅面长边尺寸，c 为图框线与幅面线间的宽度，a 为图框线与装订边间的宽度。

> **提示**
>
> 为了复印和摄影方便，应在图纸一边附有一段准确的米制尺度；四边均应绘制对中标志，对中标志是指从图框各边中点向框外绘制一段长度为 5mm 的线段（线宽为 0.35mm）。

5. 制作标题栏属性块

国标《房屋建筑制图统一标准》（GB/T 50001—2017）规定，标题栏可根据工程的需要选择并确定其尺寸、格式和分区，如图 4-6 所示。

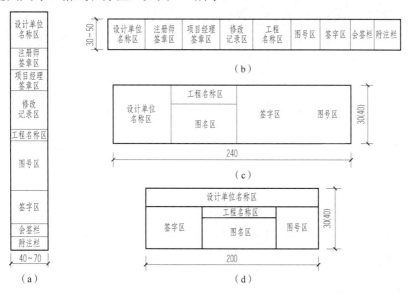

图 4-6 标题栏的尺寸、格式和分区

通常使用写块（W）命令将标题栏创建为带属性的外部块，以便于其他图形调用。标题栏中需要用户填写的单元格都依次定义块属性，然后将标题栏的右下角作为块的基点，将整个标题栏对象（包括图线、文字、属性等）另存为一个外部块。

 任务实施

1）在"选项"对话框中设置必要的绘图环境相关参数。

2）使用图形界限命令按国标设置 A2 图幅的大小，并显示栅格。

3）使用直线、矩形、多行文字等命令，按照国标绘制图幅、图框、标题栏、会签栏、对中符、固定文字等。

4）将标题栏中需要用户填写的单元格都依次定义块属性，属性"标记"输入填写项的名称，属性"提示"尽量输入明确的提示信息，"默认值"可不设。

5）在命令行输入 W 命令创建外部块，将标题栏的右下角作为块的基点，选择整个标题栏对象（包括文字与属性等）并将其转换为块，修改块的保存路径，块文件名为 Titleblock，最后单击"确定"按钮。

6）将整个图样另存为图形样板，文件名为"A2H.dwt"，路径为 AutoCAD 软件默认的 Template 样板文件夹。

任务拓展

按照国标绘制 A3 竖向图纸的图幅、图框、会签栏等，并插入标题栏外部属性块，如图 4-7 所示。

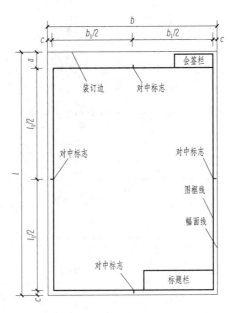

图 4-7　A3 立式图幅

设置尺寸样式并标注

微课：设置尺寸标注
样式并标注

任务描述

参照表 4-2 新建尺寸标注样式，绘制如图 4-8 所示的手柄，并应用新建尺寸样式标注。

表 4-2　尺寸标注样式设置

样式名	需要进行的设置	用途备注
ISO-25 一般标注 └角度 └半径 └直径	1）新建样式名为"一般标注"，基础样式为 ISO-25，用于"所有标注"（未提及的其余选项均按默认设置）。 2）基线间距为 7，尺寸界线超出尺寸线为 2.5，起点偏移量为 2。 3）尺寸箭头第一个、第二个均为"建筑标记"，箭头大小为 2.5。 4）文字外观：新建文字样式为"工程字"（字体名为 gbenor.shx，使用大字体 gbcbig.shx，宽度因子为 0.7)，选用"工程字"文字样式，字高设为 5mm。 5）调整选项：选择"文字或箭头最佳效果"；标注特征比例为"使用全局比例 1"。 6）主单位：小数分隔符为"."（句点）。 7）基础样式为"一般标注"，新建样式用于"角度"；尺寸箭头第一个、第二个均为"实心闭合"箭头；将文字对齐设置为"水平"，其他默认。 8）基础样式为"一般标注"，新建样式用于"半径"；尺寸箭头为"实心闭合"箭头；文字对齐为"ISO 标准"。 9）基础样式为"一般标注"，新建样式用于"直径"；尺寸箭头为"实心闭合"箭头；文字对齐为"ISO 标准"	适用于一般的尺寸标注，包括线性尺寸、角度尺寸、直径和半径的标注

续表

样式名	需要进行的设置	用途备注
调整标注	基础样式：一般标注，用于所有标注。 在"调整"选项卡中选择"手动放置文字"选项	适用于尺寸数字需要手动放置位置时

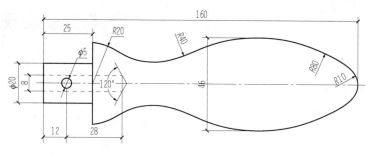

图 4-8   手柄

通常，创建以上 2 种样式便能满足一般图样的标注需要，若标注的尺寸大小不合适，则可在"调整"选项卡的"标注特征比例"选项组中设置全局比例。

技能准备

使用 CAD 样板新建的图形文件，若选择英制单位，则系统默认的标注样式为 Standard；若选择公制单位，则系统默认的标注样式为 GB-35。但经常会碰到标注的尺寸文字及箭头的大小与图形不协调，在此先介绍尺寸标注样式的创建与修改。

1. 新建标注样式

（1）打开"标注样式管理器"对话框的方式

1）在菜单栏中选择"格式"→"标注样式"命令。

2）在标注工具栏中单击"标注样式"按钮 。

3）在命令行输入：Dimstyle。

（2）创建新标注样式

输入标注样式命令后，弹出"标注样式管理器"对话框，如图 4-9 所示。

1）在"标注样式管理器"对话框中单击"新建"按钮，弹出"创建新标注样式"对话框，如图 4-10 所示。输入新样式名，选择一种基础样式进行修改，并选择用于标注的类型。

> **提示**
>
> 当新建样式用于指定的标注类型时，此样式将成为原基础样式的子样式，输入的新样式名无效。使用基础样式标注时，若用到对应类型的标注，则自动按子样式进行标注。

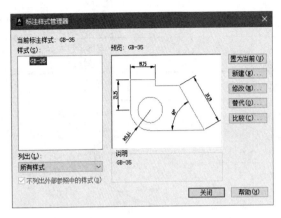

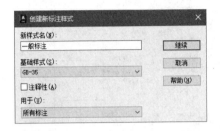

图 4-9　"标注样式管理器"对话框　　　　图 4-10　"创建新标注样式"对话框

2）单击"创建新标注样式"对话框中的"继续"按钮，弹出相应的"新建标注样式"对话框，如图 4-11 所示。根据《房屋建筑制图统一标准》（GB/T 50001—2017）设置如下。

① 在"线"选项卡中可设置尺寸线、尺寸界线等属性，如图 4-11 所示。绘制 A3、A4 图纸时，一般可将基线间距设为 7～10mm，超出尺寸线设为 2～3mm，起点偏移量设为≥2mm。

② 在"符号和箭头"选项卡中可设置箭头形状、引线、箭头大小、圆心标记及其大小、弧长符号及其位置、半径标注的折弯角度等，如图 4-12 所示。一般将线性尺寸的箭头起止符号设置为"建筑标记"（中粗短斜线），长度为 2～3mm；半径、直径、角度与弧长的尺寸起止符号用箭头表示，箭头宽度≥1mm，角度数字按水平方向注写；圆心标记取 2.5。

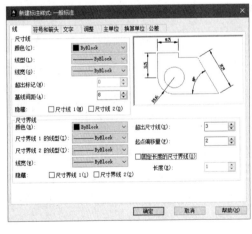

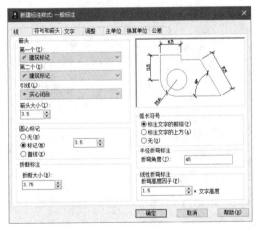

图 4-11　"线"选项卡　　　　　　　　　图 4-12　"符号和箭头"选项卡

③ 在"文字"选项卡可设置标注的文字外观、高度、位置和文字对齐等，如图 4-13 所示。拉丁字母、阿拉伯数字与罗马数字的字高应≥2.5mm，尺寸数字一般注写在靠近尺寸线的上方居中。

a. 单击"文字样式"下拉列表框右侧的"…"按钮，在弹出的"文字样式"对话框中，一般选择使用"长仿宋体"文字样式进行标注。

b. 从尺寸线偏移：指数字底部与尺寸线的间隙，一般为 0.6～2mm。

c. 文字对齐："水平"指文字字头始终朝上。"与尺寸线对齐"指数字与尺寸线平行。"ISO 标准"指国际标准，尺寸数字在尺寸界线内时，与尺寸线平行；在尺寸界线外时，字头始终朝上。

④ 设置调整选项。在"调整"选项卡可设置当尺寸界线空间不足时，系统按用户的设置移出文字或箭头，如图 4-14 所示。在"标注特征比例"选项组中修改全局比例，可快速将尺寸标注整体按比例进行放大或缩小。

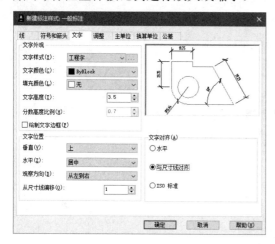 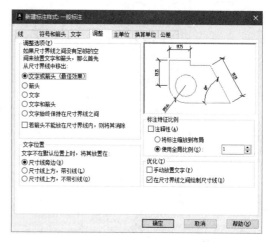

图 4-13　"文字"选项卡　　　　　　　图 4-14　"调整"选项卡

⑤ 设置主单位。在"主单位"选项卡中可设置主单位的格式、精度和分隔符，标注文本的前缀、后缀，测量单位比例，以及选择前导、后续消零等，如图 4-15 所示。

图 4-15　"主单位"选项卡

提示

若图形不是按 1∶1 绘制的，则需要新建一个不同比例因子的尺寸样式进行标注。例如，若局部放大图按 2 倍比例进行绘制，则应该用比例因子为 0.5 的尺寸样式标注。

⑥ 设置换算单位。在"换算单位"选项卡中可设置尺寸单位换算的格式、精度、前后缀，以及消零设置等。

⑦ 设置公差。在"公差"选项卡中可设置是否标注公差，以及尺寸公差的标注形式、公差值大小、公差高度比例、公差位置及消零设置等。

— 小技巧 —

若有较多尺寸类型相同（带前缀、带后缀、带公差），则可创建一个标注样式进行标注；若有少数不同之处，则可以在"特性"面板中进行修改。

2. 应用标注样式

在标注工具栏的"标注样式"下拉列表中选择标注样式，如图 4-16 所示，即可按当前样式标注。选中某个已标注尺寸，再在"标注样式"下拉列表中选择标注样式，即可应用相应的标注样式。

图 4-16 应用标注样式

3. 修改标注样式

修改某个标注样式的操作步骤如下。

1）单击标注工具栏中的 按钮，弹出"标注样式管理器"对话框。

2）在"样式"列表框中选择要修改的标注样式，然后单击"修改"按钮。

3）在弹出的"修改标注样式"对话框中按照需要进行修改（与创建新样式的方法类似）。

4）修改完毕，单击"确定"按钮返回"标注样式管理器"对话框，再单击"关闭"按钮即可。

修改标注样式后，所有按该样式标注的尺寸，都会按修改后的样式更新。

4. 替代标注样式

当标注的个别尺寸与已有的标注样式相近但有所不同时，若修改已有标注样式，则所有应用该样式标注的尺寸都将改变；若再创建新的标注样式又显得烦琐。此时，可以利用替代标注样式设置标注样式的临时替代值，操作步骤如下。

1）单击标注工具栏中的"标注样式"按钮 ，弹出"标注样式管理器"对话框。

2）在"样式"列表框中选择相近的标注样式，然后单击"替代"按钮。

3）在弹出的"替代当前样式"对话框中按照需要进行修改。

4）修改完毕，单击"确定"按钮返回"标注样式管理器"对话框，系统自动生成一个临时标注样式，在"样式"列表框中显示为"样式替代"。

5）关闭对话框，系统自动以替代样式标注，直到重新指定新的当前标注样式，系统结束替代功能。

5. 标注样式的重命名或删除

在"标注样式管理器"对话框左侧的"样式"列表框中，右击对应的标注样式名，在弹出的快捷菜单中选择"重命名"或"删除"命令即可。但当前标注样式和正在使用的标注样式不能删除。

📖 **知识铺垫**

1. 尺寸标注的类型

尺寸标注的方法有以下两种。

1）使用标注工具栏中的对应按钮，如图 4-17 所示。

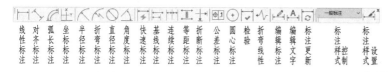

图 4-17 标注工具栏

2）选择菜单栏中的"标注"下拉列表中的对应标注命令，如图 4-18 所示。

常用的尺寸标注有线性标注、对齐标注、坐标标注、半径标注、直径标注、角度标注、基线标注、连续标注等，如图 4-19所示，具体标注根据命令行的提示进行操作，相对简单，此处不作一一介绍。

图 4-18 "标注"下拉列表

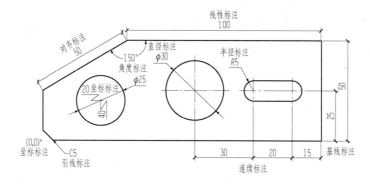

图 4-19 尺寸标注图形

标注尺寸前，通常先新建一个专门用于标注的图层（线型为细实线），并设置为当前图层。

2. 尺寸标注的命令选项

尺寸标注常见的选项说明如下。

1）多行文字（M）：打开多行文本编辑器，编辑尺寸文字。

2）文字（T）：直接在命令行以单行文本方式输入新的尺寸文字。

3）角度（A）：可以使尺寸文字旋转一个角度标注（字头向上为零度）。

4）水平（H）：指定尺寸线水平标注。

5）垂直（V）：指定尺寸线垂直标注。

6）旋转（R）：指定尺寸线与尺寸界线的旋转角度（以原尺寸线为零起点）。

3. 尺寸标注的相关说明

在线性标注第 1 步，可按照提示直接按 Space 键选定对象进行快速标注。

折弯标注需要指定大圆弧中心的替代位置、尺寸线放置位置和折弯位置等。折弯的角度可在标注样式中进行设置，默认为 45°。

标注尺寸时，输入 M 或 T 选项后，可输入"%%c"（必须英文半角）替代"ϕ"，输入"%%d"替代"°"，输入"%%p"替代"±"。

基线标注或连续标注时，必须先标注一个尺寸（角度标注也可以），尺寸数值只能使用内测值，不能重新指定。

4. 编辑标注

使用"编辑标注"按钮 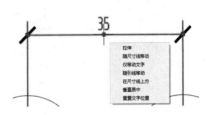（或命令 Ded）可编辑标注类型，各选项的说明如下。

1）默认（H）：选择需要编辑的尺寸，按 Enter 键回退到未编辑前的默认标注状态。

2）新建（N）：可以先打开多行文字编辑器编辑尺寸文字（"< >"中的值是默认尺寸）。

3）旋转（R）：可以指定尺寸文字的旋转角度。

4）倾斜（O）：可指定尺寸界线倾斜的角度。

5. 移动尺寸文字

选中尺寸，将鼠标指针悬停在尺寸文字下方的夹点上，弹出如图 4-20 所示的快捷菜单，可编辑尺寸文字的位置。

图 4-20　编辑标注的快捷菜单

知识链接

1）尺寸的属性要素如图 4-21 所示。

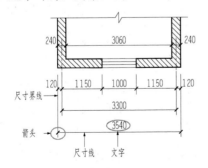
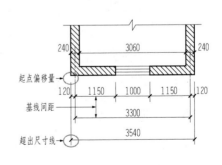

图 4-21　尺寸的属性要素

2）尺寸标注的一般原则如下。

① 尺寸标注力求准确、清晰、合理。在同一张图纸中，标注风格应保持一致。

②　尺寸线尽量标注在图样轮廓之外，距轮廓线的距离不应小于 10mm（有时也可以标在图样内），从内到外依次标注从小到大的尺寸。

③　图样轮廓线以外的尺寸线，距图样最外轮廓的间距不宜小于 10mm。平行排列的尺寸线间距宜为 7～10mm，并应保持一致。

④　尺寸数字一般应按尺寸线方向在其上方居中注写，并尽可能避免在上偏左或下偏右 30° 范围内标注尺寸数字，无法避免时应引出注写。

⑤　当尺寸数字的标注位置不够时，最外边的尺寸数字可注写在尺寸界线的外侧，中间相邻的尺寸数字可上下错开注写，也可以引出注写。尺寸数字被图线穿过时，应将尺寸数字处的图线断开。

⑥　尺寸标注不宜与图线、文字及符号等相交；轮廓线、中心线可作为尺寸界线，但不能作为尺寸线。

⑦　连续重复的结构，可在总尺寸的控制下，使用"均分"或"EQ"表示定位尺寸。

⑧　标注坡度时，符号用箭头或单面箭头指向下坡方向，标在坡度数字下方。

 任务拓展

绘制如图 4-22 所示的图形并标注尺寸，修改尺寸样式与样图的标注效果尽量接近。

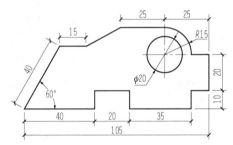

图 4-22　尺寸的编辑图形

任务 4.3

设 置 图 层

 任务描述

除系统定义的两个图层外，按照表 4-3 创建其他 5 个图层。然后参照图 4-23 按大致比例绘制图形，再将图线移到相应的图层中（折断线为细实线），并及时检查图层的线型、线宽和颜色设置，最后调整不连续线型的间距大小。

微课：设置图层

表 4-3　图层的创建要求

图层用途	图层名	颜色（颜色号）	线型	线宽
系统定义	0	黑/白色	Continuous	默认
系统定义	Defpoints	黑/白色	Continuous	默认
粗实线	cushixian	黑/白色（7）	Continuous	0.6
中粗线	zhongcuxian	蓝色（5）	Continuous	0.3
细实线	xishixian	绿（3）	Continuous	0.15
中虚线	zhongxuxian	黄色（2）	Dashed	0.3
细点画线	xidianhuaxian	红（1）	Center	0.15

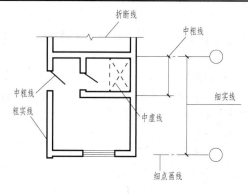

图 4-23　设置图层图线

技能准备

为了方便复杂图形的绘制、编辑及输出，AutoCAD 允许建立不同的图层，对不同的对象进行分层管理。

1. 创建并设置图层

打开"图层特性管理器"面板的方法如下。

1）在菜单栏中选择"格式"→"图层"命令。

2）在图层工具栏中单击"图层特性管理器"按钮。

3）在命令行输入：LA（LAYER 命令的简化）。

输入 LA 命令后，弹出"图层特性管理器"面板，如图 4-24 所示，该面板中的基本操作及常规设置介绍如下。

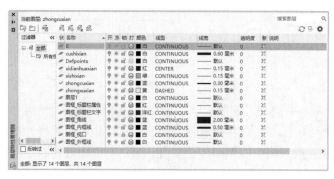

图 4-24　"图层特性管理器"面板

（1）新建图层

单击"新建图层"按钮 ，依次建立图层 1、图层 2……可在创建的同时为图层命名，图层名宜使用汉字、英文字母、数字和连字符"-"的组合，但汉字与英文字母不得混用。图层命名宜采用分级形式，由 2~5 个字段（每个字段 1~3 个汉字或 1~4 个字符）组成。

（2）删除图层

选中某图层后，单击"删除图层"按钮 ，即可直接删除图层。

> **注意**
>
> "0"层是系统定义的，该图层不能被删除或重命名，尽量不用来绘图。标注尺寸后，系统会自动生成 Defpoints 图层，该图层也不能被删除，但可以重命名。当前图层、包含对象（如块定义中的对象）的图层及依赖外部参照的图层，都是不能被删除的。

（3）设置当前图层

用户只能在当前图层上绘图，选中某图层后，单击"置为当前"按钮 即可。

（4）更改颜色

图层默认的绘图颜色为黑/白色，单击某图层的颜色块，弹出"选择颜色"对话框，如图 4-25 所示。通常优先选择第二调色板中既有编号又有名称的颜色。

（5）设置线型

图层默认的线型为 Continuous，单击某图层中的线型名称，弹出"选择线型"对话框，如图 4-26（a）所示。该对话框中若没有所需的线型，则单击"加载"按钮，弹出"加

图 4-25　"选择颜色"对话框

载或重载线型"对话框，如图 4-26（b）所示。在该对话框中选择了需要加载的线型后，单击"确定"按钮返回"选择线型"对话框，再选择对应的线型，单击"确定"按钮完成线型的更改。

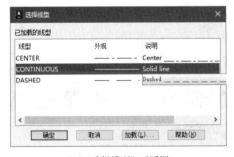

（a）"选择线型"对话框

（b）"加载或重载线型"对话框

图 4-26　线型的加载与选择

AutoCAD 标准线型库中提供了约 45 种不同的线型，常用的线型有实线（Continuous）、单点长画线（Center）、双点长画线（Phantom）、虚线（Dashed 或 Hidden）等。虚线、点画线等不连续线型都有长短、间隔不同的多种线型。在菜单栏中选择"格式"→"线型"命

令，弹出"线型管理器"对话框，如图 4-27 所示。单击"显示细节"按钮，在"详细信息"选项组中设置"全局比例因子"和"当前对象缩放比例"，可以使不连续线型的间距大小合适。

图 4-27   "线型管理器"对话框

提示

"全局比例因子"对图形中的所有非连续线型有效，"当前对象缩放比例"可设置每个对象单独不同的比例，每个对象最终的线型比例因子＝当前对象缩放比例×全局比例因子。

（6）更改线宽

新建图层默认的线宽都是 0.01in（1in=25.4mm），单击某图层的线宽值，弹出"线宽"对话框，如图 4-28 所示，选择合适的线宽（粗实线一般为 0.5～2mm），然后单击"确定"按钮即可更改线宽。

在菜单栏中选择"格式"→"线宽"命令，弹出"线宽设置"对话框，如图 4-29 所示。在该对话框中，可以设置线宽的单位、线宽的默认值、线宽的显示比例等，设置时要兼顾显示与打印的效果。

提示

线宽值为"0"的线型都将以指定打印设备可打印的最细线进行打印。

图 4-28   "线宽"对话框

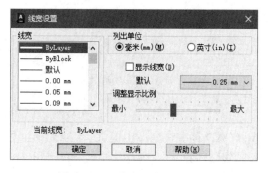

图 4-29   "线宽设置"对话框

（7）设置打印

单击某图层的"打印机"图标，就可以选择打印或不打印该图层。

小技巧

新建图层时，系统默认继承上一个图层的设置。建议先建好所有图层（建一个命名一个），再对需要更改颜色、线型、线宽的图层进行个别更改，以提高效率。

---

2. 切换图层

直接从图层工具栏中的下拉列表中选择一个图层，如图 4-30 所示，该图层即被设置为当前图层，并显示在工具栏窗口中。

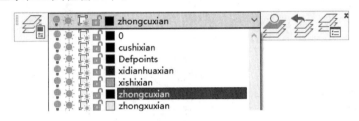

图 4-30　图层工具栏

提示

通常在绘制图形轮廓时，将粗实线层设置为当前图层，其他少量图线也先按粗实线绘制。再选中图线，在图层工具栏下拉列表中选择图层，即可将图线移到该图层。若要在某图层上进行大量操作（如标注尺寸），则应该将该图层设置成当前图层。

---

3. 特性匹配

特性匹配能将选定对象的特性（包括颜色、图层、线型、线型比例、线宽等）应用到其他对象。

设置特性匹配的方式如下。

1）在菜单栏中选择"修改"→"特性匹配"命令。

2）在标准工具栏中单击"特性匹配"按钮 。

3）在命令行输入：MA（MATCHPROP 的简化）。

输入 MA 命令后，命令行会出现以下提示信息：

　　选择源对象：　　　　　　　　　　　　//选择源对象
　　当前活动设置： 颜色 图层 线型 线型比例 线宽 厚度 打印样式 标注 文字 填充图案 多
　　　　段线 视口 表格材质 阴影显示 多重引线
　　选择目标对象或 [设置(S)]：　　　　　//选择目标对象直接赋予全部特性

此时若输入选项 S，则弹出"特性设置"对话框，如图 4-31 所示，在该对话框中可以选中需要进行特性匹配的复选框。

图 4-31　"特性设置"对话框

小技巧

　　选中源对象，先双击标准工具栏中的"特性匹配"按钮，然后连续单击目标对象，可将一个源对象特性赋予多个目标对象，直到按 Esc 键退出。

知识铺垫

1. 图层的概念

　　图层可以想象为没有厚度并相互重叠在一起的透明薄片，通常将相同特性的对象绘制在同一图层上，多个图层叠在一起就形成了一幅完整的图形。例如，一幅完整的笑脸图形可以由 3 个图层叠加起来，如图 4-32 所示。

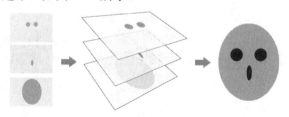

图 4-32　图层和图

　　图形中图层的数量没有限制，但太多的图层不便于图形的管理。一幅图形中所有的图层都具有相同的坐标系、绘图比例及图形界限。每一个图层能容纳的对象也是没有限制的，通常同一个图层使用同一种颜色、同一种线型和线宽。

2. 图层的状态

　　图层有以下几种状态开关，单击对应的图标就能进行开/关切换。

（1）打开与关闭开关

　　图层默认为打开状态，该图层上的对象可见，并且可以打印。当图层处于关闭状态时，该图层上的对象不显示。当绘制复杂的图形时，常将不编辑的图层暂时关闭，以降低图形的复杂性。

（2）冻结与解冻开关 ☀

图层默认为解冻状态，当前图层不能被冻结。当图层被冻结后，该图层上的对象不显示，不参与图形之间的处理运算，也不会被打印出来。将不编辑的图层暂时冻结，可以加快操作的运行速度。

（3）锁定与解锁开关 🔓

图层默认为解锁状态。当图层被锁定时，该图层上的对象仍然显示，可以打印，也可绘制新的对象，但不能对其进行编辑修改，这样可以防止重要的图形被修改。

（4）打印与不打印开关 🖶

图层默认为可打印状态，只能在"图层特性管理器"面板中控制图层上的对象是否被打印。即使处于可打印状态，所有关闭或冻结状态的图层也不会被打印。

提 示

1）当前图层可以关闭或锁定，但不能被冻结；反之，处于关闭或锁定状态的图层，可以被设为当前图层，但处于冻结状态的图层不能被设为当前图层。

2）处于冻结、关闭和不打印状态的图层，其上的对象不会被打印出来。

3）图层关闭和冻结的区别是在重新生成图形时，关闭的图层要参加运算，但冻结的图层不参加运算，这样可以加快重新生成的速度。

4）在绘制不是特别复杂的图形时，没有必要设置图层的状态，通常采用默认状态。

3．图层管理对象

在 CAD 中绘图时为了便于管理，一般将同一线型的图线绘制在同一图层上，并且对象特性工具栏中的颜色、线型、线宽都默认设置为随层（ByLayer）。当需要对某类线型进行特性修改时，只要设置对应的图层即可。

在有些情况下，也可以将同一属性、同一类型的图形分别放置在同一图层中，这样便于对某类图形进行整体操作。

在特殊情况下，也可以对一个图层中的某些对象，通过对象特性工具栏中的下拉列表选择不同的颜色、线型、线宽。但一般不建议这样设置，容易导致图层管理混乱。

知识链接

1）《房屋建筑制图统一标准》（GB/T 50001—2017）中常用的图线的规定如表4-4所示。

表4-4　《房屋建筑制图统一标准》中常用的图线的规定

图线名称		图线形式	图线宽度	主要用途
实线	粗	———————	b	主要可见轮廓线
	中粗	———————	$0.7b$	可见轮廓线、变更云线
	中	———————	$0.5b$	可见轮廓线、尺寸线
	细	———————	$0.25b$	图例填充线、家具线

续表

图线名称		图线形式	图线宽度	主要用途
虚线	粗		b	见各有关专业制图标准
	中粗		$0.7b$	不可见轮廓线
	中		$0.5b$	不可见轮廓线、图例线
	细		$0.25b$	图例填充线、家具线
单点长画线	粗		b	见各有关专业制图标准
	中		$0.5b$	见各有关专业制图标准
	细		$0.25b$	中心线、对称线、轴线等
双点长画线	粗		b	见各有关专业制图标准
	中		$0.5b$	见各有关专业制图标准
	细		$0.25b$	假想轮廓线、成型前的原始轮廓线
折断线	细		$0.25b$	断开界线
波浪线	细		$0.25b$	断开界线

图线宽度 b 一般在……0.5mm、0.7mm、1mm、1.4mm……的系列中进行选择，可按照比例和图纸性质进行选择。根据图样的复杂程度和比例，先选定基本线宽 b，再按系数确定线宽组。

2）图框和标题栏线的宽度如表 4-5 所示。

表 4-5　图框和标题栏线的宽度

幅面代号	图框线	标题栏外横线对中标志	标题栏分格线幅面线
A0、A1	b	$0.5b$	$0.25b$
A2、A3、A4	b	$0.7b$	$0.35b$

3）绘制图线的注意事项如下。

① 在同一张图样中，相同比例的图样应选用相同的线宽组，同类线应粗细一致。

② 相互平行的图线，其间隙不宜小于粗线宽度，且不宜小于 0.7mm。

③ 虚线、单点长画线或双点长画线的线段长度和间隔，应各自相等。其中，虚线的线段长为 3~6mm，间隔为 0.5~1mm；单点画线或双点画线的线段长为 10~30mm，间隙为 2~3mm。

④ 单点画线或双点画线的两端不应是点，在较小的图形中绘制有困难时，可使用实线代替。点画线与点画线交接或点画线与其他图线交接时，应该是线段交接。

⑤ 虚线与虚线交接或虚线与其他图线交接时，应该是线段交接。

⑥ 图线不得与文字、数字或符号重叠、混淆，不可避免时，应先保证文字、数字或符号的清晰。

⑦ 通常使用粗实线绘制被剖切到的墙、柱断面轮廓线，使用中实线或细实线绘制没有被剖切到的可见轮廓线（如窗台、梯段等）。尺寸线、尺寸界限、索引符号、高程符号等使用细实线进行绘制，轴线使用细单点长画线进行绘制。

 任务拓展

选择合适的图幅，绘制出图框和标题栏，新建并设置图层，绘制如图 4-33 所示的桩基（按对象分类建图层）和图 4-34 所示的扳手（按图线建图层）。

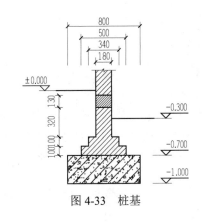

图 4-33　桩基

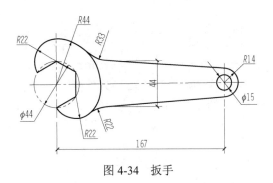

图 4-34　扳手

任务 4.4

绘制三面视图

任务描述

1）根据图形的总体尺寸，创建合适的图形样板（或直接调用 CAD 预置图形样板），并设置绘图环境。

2）通过对组合体轴测图的形体分析，运用投影规律，绘制三面视图，如图 4-35 所示。

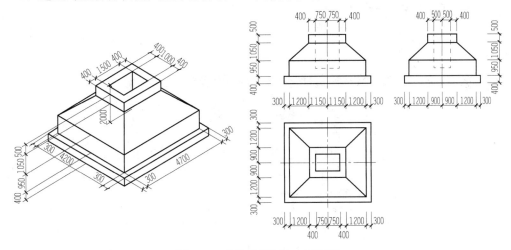

图 4-35　柱脚轴测图和三面视图

技能准备

CAD 图形样板是一种包含特定图形环境设置的图形文件（扩展名为"*.dwt"）。使用样板创建的新文件既能提高效率，也能保证图形文件的统一标准。

1. 创建图形样板

图形样板的创建过程如下。

1）设置绘图单位。选择菜单栏中的"格式"→"单位"命令，在弹出的"图形单位"对话框中，将"精度"设置为"0"，将单位设置为"毫米"。

2）设置图形界限。选择菜单栏中的"格式"→"图形界限"命令，在命令行输入左下角点坐标（0,0）和右上角点坐标（59400,42000）（此处在模型空间按 1∶1 的比例绘制比例为 1∶100 的 A2 图幅）。选择"视图"→"缩放"→"全部"命令（或双击滚轮）将图形界限最大化显示。

3）绘制图框和标题栏等。新建一个图层，绘制图幅、图框、标题栏、会签栏、对中标志等。可将标题栏创建为属性块，或插入已有的标题栏属性块。

4）创建图层。根据图形需要创建图层，并设置图层的颜色、线型和线宽等。

5）设置文字样式。新建名为"工程字"的文字样式，数字、字母使用 ghenor.shx 字体，选中"使用大字体"复选框，汉字使用 gbcbig.shx 字体，将宽度因子设为 0.7，将文字高度设为 0。

6）设置标注样式。按国标要求在对话框中设置基线间距、超出尺寸线、起点偏移量，符号与箭头的形状、大小，文字样式、文字高度、文字位置、文字对齐，文字位置和标注特征比例等。

7）设置多线样式。若绘制多线时将实际墙宽设为多线比例，则应将内墙多线的偏移值设为 0.5 和-0.5，将外墙多线的偏移值设为 0.676 和-0.324；起点与端点均以直线封口。

8）创建图块。通常需要按国标创建标高、轴号等属性图块，以及常用的门、窗等图块。

9）保存为 CAD 图形样板（*.dwt 文件）。保存路径是 AutoCAD 选择样板的默认路径，如 C:\Users\Administrator\AppData\Local\AutoCAD 2023\R24.2\chs\Template 文件夹。

2. 调用 CAD 预置图形样板

启动 AutoCAD，在菜单栏中选择"文件"→"新建"命令（或单击工具栏中的"新建"按钮），弹出"选择样板"对话框，如图 4-36 所示。

图 4-36 "选择样板"对话框

CAD 预置了许多标准的图形样板，默认打开 acadiso 样板。其中，前缀为 ANSI 表示美国标准，DIN 表示德国标准，GB 表示中国国家标准（标题栏文字为汉字），ISO 表示国际标准，JIS 表示日本标准。后缀 Color Dependent Plot Styles 表示颜色相关打印样式表（256 种打印样式,每一种样式对应一种颜色),使用对象的颜色决定打印特征(如线宽、线型等)。Named Plot Styles 表示命名打印样式表(打印样式像其他特性一样指定给对象,打印样式的数量决定于用户需求),包括用户定义的打印样式,此时相同颜色的对象可能以不同的方式进行打印。

选中某个合适样板,单击"打开"按钮,即可调用该图形样板。若调用用户创建的图形样板,则默认打开模型空间进行绘图,也可以在图样空间进行绘图。若调用系统预置的图形样板,则默认打开图样空间绘图,且在模型空间不可见;用户也可以先在模型空间绘图,然后回到图样空间,激活视口后双击滚轮,显示图形全部,再在"视口"工具栏中选择国标优先比例,按住滚轮并拖动平移图形,合理布局。

知识铺垫

1. 组合体的组合方式

1)叠加型:由两个或两个以上基本几何体叠加的组合体。
2)切割型:由一个或多个切平面对基本几何体进行切割,使之变为较复杂的形体。
3)综合型:既有叠加又有切割的组合体。

2. 组合体的投影分析

1)形体分析法:根据组合体形状及结构特点,将其分解成若干部分,进而分析各部分的形状、相对位置和组合方式,形体分析法是绘图、读图及标注尺寸的基本方法。
2)线面分析法:针对很难想象其空间结构的复杂线框,应用点、线、面的投影规律,读懂视图中点、线、线框的空间含义,该方法常用来解决看图的难点。
3)综合分析法:常见的组合体大多为综合型,应将两种方法互为补充、灵活运用,以形体分析法为主,线面分析法为辅。

3. 视图的投影规律

三面视图之间遵循"主、俯视图长对正""主、左视图高平齐""俯、左视图宽相等"的三等投影规律(即"长对正、高平齐、宽相等")。组合体的每一个基本形体在视图中也要遵循三等投影规律。

在 CAD 中绘图时,通常应用对象捕捉追踪来保证"长对正"和"高平齐",而"宽相等"常通过尺寸或绘制辅助斜线来保证。

> **注意**
>
> 对于视图中已标注宽度尺寸的图线,建议直接按尺寸保证"俯、左视图宽相等",以提高效率;对于叠加或切割形成的、没有直接尺寸的,只能通过绘制 45°辅助斜线来保证宽相等。

4. 剖面图

为了清晰地表达构件的内部结构,假想使用一个剖切平面剖开构件,将观察者和剖切平面间的部分移去,而将其余部分向投影面投影,并画上剖面符号,这样得到的图形称为剖面图。

当剖面图对称时，可一半绘制视图表达外部结构，一半绘制剖面图表达内部结构，这样的剖面图称为半剖面图。

当构件不对称，也需要表达内、外部结构时，则采用波浪线分界，绘制成局部剖面图。当不对称构件无须表达外部结构时，可绘制成全剖视图。

任务实施

柱脚三面视图的绘制步骤如表 4-6 所示。

表 4-6　柱脚三面视图的绘制步骤

绘制示意图	绘制提示
	1．规划与分析 1）根据轴测图三维尺寸的大小，并考虑三视图的布局及标注尺寸所占区域，以 1∶100 的比例绘制，创建 A3 图形样板（或直接调用 CAD 预置图形样板）；设置绘图环境（包括图形单位、图形界限、图层、文字样式、尺寸样式等）。 2）该柱脚左右、前后对称，有对称面和底面，故选择这些面作为长、宽、高方向的基准；将"中心线"图层设置为当前图层，绘制出布局定位线
	2．绘制叠加体视图 形体分析：柱脚由底板、中间长方体、四棱台和顶部长方体 4 个形体叠加后，再在上方以长方体孔挖切而成。 1）绘制底板的三视图：将"轮廓线"（粗实线）图层设置为当前图层，使用矩形或直线命令绘制其三面视图。建议尽量不借助 45°辅助线，直接按尺寸保证"宽相等"的投影关系（下同）
	2）绘制中间长方体的三视图：参照轴测图尺寸，灵活应用已学命令，快速绘制其三面视图。 建议探究并交流绘图的方法与技巧，以提高绘图效率
	3）绘制四棱台的三视图：确定其上方矩形的三视图投影线后，连接斜线即可得到其侧斜面的三面视图。 4）绘制顶部长方体的三视图
	3．绘制挖切体视图 根据综合型组合体先绘制叠加体、再绘制挖切体的原则，使用高效的方法绘制上方长方体孔的三面视图

续表

绘制示意图	绘制提示
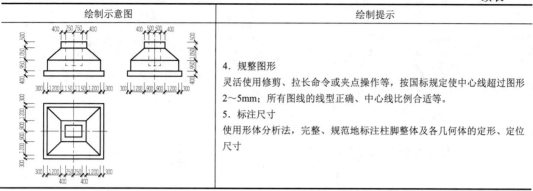	4．规整图形 灵活使用修剪、拉长命令或夹点操作等，按国标规定使中心线超过图形 2～5mm；所有图线的线型正确、中心线比例合适等。 5．标注尺寸 使用形体分析法，完整、规范地标注柱脚整体及各几何体的定形、定位尺寸

附加作业：请将柱脚主视图改成全剖视图，将左视图改成半剖视图。

任务拓展

根据视图投影规律，补画图 4-37 所示的台阶的左视图，抄绘图 4-38 所示的小屋三视图。提示：因为图 4-37 没有标注尺寸、图 4-38 部分图线是相交形成的，所以均需绘制 45°投影辅助线。

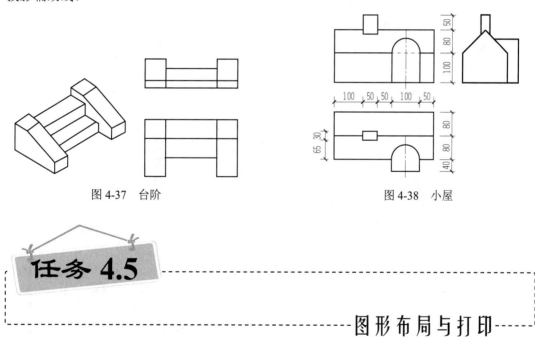

图 4-37　台阶　　　　　　　　　　　　　图 4-38　小屋

任务 4.5

图形布局与打印

任务描述

1）通过设计中心打开"T2 楼梯详图"，按国标核查或补绘图幅、图框、标题栏和会签栏等，如图 4-39 所示。然后在"打印-模型"对话框中设置打印机及图纸尺寸，尝试按窗口、按图形界限打印预览，最后打印输出为 PDF 文件。

微课：图形布局与打印

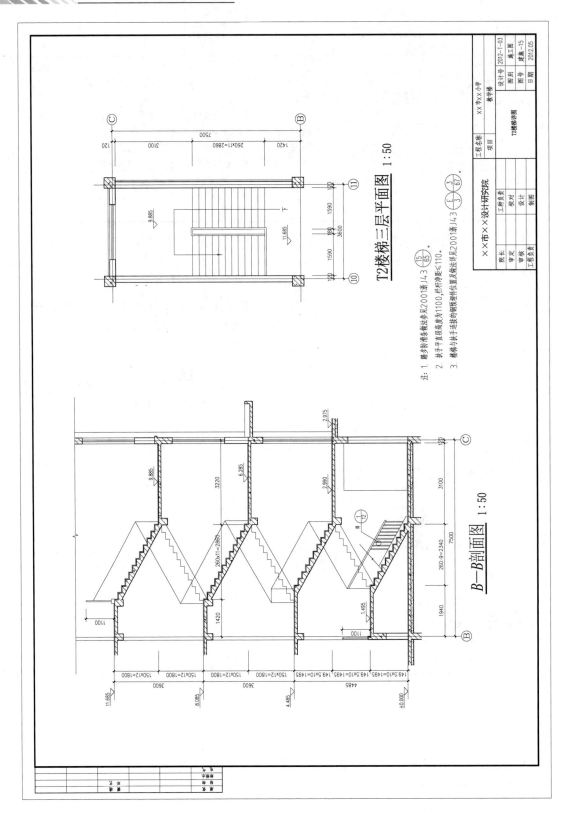

图 4-39 多视口布局

2）在模型空间删除图幅、图框、标题栏和会签栏，将"T2 楼梯三层平面图"移到右侧远处，并将比例修改为 1∶40。创建 GB_a2 图形布局，按 1∶50 的比例布局"*B—B* 剖面图"；再新建图层，在原平面图添加一个稍大的视口，在视口中按 1∶40 的比例布局"T2 楼梯三层平面图"，合理布局后隐藏视口线。

技能准备

1. 应用设计中心

在菜单栏中选择"工具"→"选项板"→"设计中心"命令（或按 Ctrl+2 组合键，或单击标准工具栏中的▦按钮），打开设计中心，如图 4-40 所示。设计中心由窗口顶部的工具栏、选项卡、左侧的树状视图区和右侧的内容区组成。

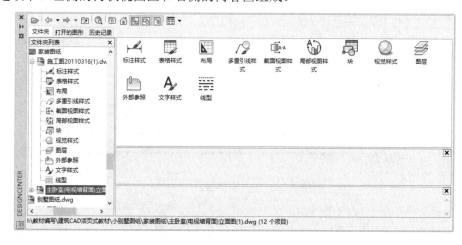

图 4-40　设计中心

（1）打开图形文件

在内容区或"搜索"对话框中，右击图形文件，在弹出的快捷菜单中选择"在应用程序窗口中打开"命令，或直接将文件拖到 AutoCAD 窗口绘图区以外的地方（如工具栏或状态栏区），或按住 Ctrl 键，将图形拖动到 AutoCAD 主窗口的绘图区，即可打开该图形文件。

（2）插入图块和图形文件

在树状视图区，双击含内部块的源文件图标展开树状目录，将其中的块对象拖到 AutoCAD 主窗口的绘图区（或右击块，在弹出的快捷菜单中选择"插入块"命令），均可弹出块选项板。

在内容区找到要插入的图形文件（含外部块文件），将其拖动到 AutoCAD 主窗口绘图区，根据命令行提示，指定基点、比例、旋转等即可插入图形。

（3）在图形间复制图形内容

在树状视图区，找到源文件并展开其树状目录，再在内容区将其图层、文字样式、尺寸样式、图块和布局等对象，拖动到 AutoCAD 主窗口的绘图区（或右键快捷菜单）即可实现图形间内容的复制。

2. 切换到布局空间

命令行上方有"模型""布局 1""布局 2" 3 个选项卡，单击标签按钮即可切换，如图 4-41 所示。

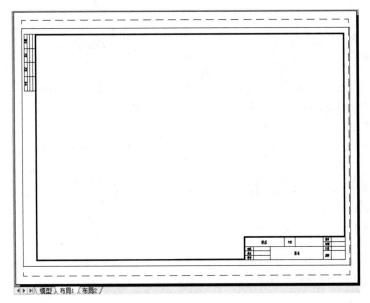

图 4-41　模型空间与布局空间

模型空间和布局空间的说明如下。

1）模型空间主要用于设计，通常在模型中按 1∶1 绘制二维图形（即在模型空间作图）。"模型"选项卡不能被删除，也不能被重命名。若没有设置图形界限，则模型空间是无限大的。

2）布局空间主要用于打印出图，可以理解为覆盖在模型空间上的一层不透明的虚拟图样，"创建视口"（开窗）即可从图样空间观察模型空间的内容（即图样空间布局）。在布局空间也可以绘图，但不会在模型空间显示。"布局 1"选项卡和"布局 2"选项卡可以删除、重命名，且个数无限制，每个布局代表一张单独的打印图样，可右击标签，在弹出的快捷菜单中选择"页面设置管理"命令，在弹出的对话框中进行相应的修改。

3. 创建布局

在布局空间打印图纸更合理，不管出图比例及图幅大小，都可以先在模型空间按 1∶1 绘图。创建布局的方法有 3 种，即新建布局、创建来自样板的布局和按向导创建布局。

（1）直接新建布局

右击"布局"选项卡，在弹出的快捷菜单中选择"新建布局"命令，系统默认按"布局 3""布局 4"……依次命名，通过"重命名"可以更改布局的名称，如图 4-42 所示，4 个组成部分分别为白色区域（表示图样的大小）、虚线框（表示打印范围）、实线框（表示视口）、视口框中显示的图形。单击选中视口框线则显示为带夹点的虚线框，拖动夹点可以调节视口的大小，按 Esc 键取消选中视口线。双击激活图形区，视口框变粗实线，此时可以调整图形的大小与位置。

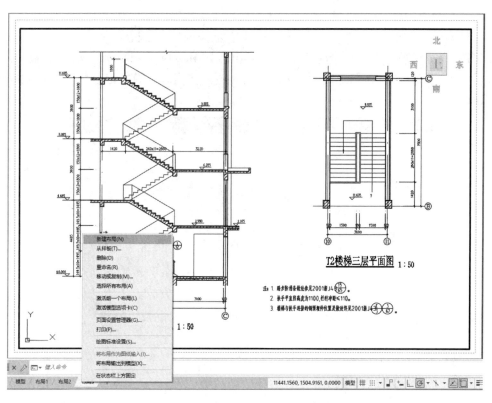

图 4-42　布局空间

（2）创建来自样板的布局

右击"布局"选项卡，在弹出的快捷菜单中选择"从样板"命令，在弹出的"从文件选择样板"对话框中可以利用系统提供的样板来创建布局，如图 4-43 所示。一般选择大小合适的、带图框和标题栏的 GB（国家标准）样板。布局样板中已有的标题栏是可以被删除的，可以使用图块的形式插入标题栏。

图 4-43　选择图形样板

（3）按向导创建布局

在菜单栏中选择"插入"→"布局"→"创建布局向导"（或"工具"→"向导"→"创建布局"）命令，弹出"创建布局-开始"对话框，如图 4-44 所示，向导从输入布局名称开始，再依次设置打印机、图纸尺寸、方向、标题栏、定义视口、拾取位置，最后完成布局的创建。

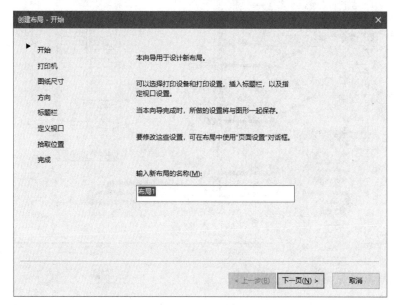

图 4-44 "创建布局-开始"对话框

4. 视口操作

用户创建的布局，默认情况下只有一个视口，以一种比例显示图形。可以根据需要创建多个视口，每个视口以不同的比例显示全图、局部放大图、标题栏等，如图 4-39 所示。

对视口操作时，通常先新建一个图层用于绘制及隐藏视口线。再打开视口工具栏（图 4-45），其中，"单个视口"或"多边形视口"按钮用于绘制视口，"将对象转换为视口"按钮能将已绘

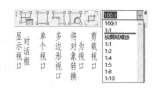

图 4-45 视口工具栏

制的对象转换为视口。为了保证输出图形比例准确且符合国标要求，先单击视口框线选中视口，双击滚轮显示全部图形，再在视口工具栏中的下拉列表中选择标准比例。

5. 从模型空间输出图形

在模型空间按 1∶1 绘制图形，并直接按国标绘制相应的图幅、图框和标题栏（或直接插入图框、标题栏属性块），合理布局图形后，在模型空间打印图样。

（1）启动"打印"的方式

1）在菜单栏中选择"文件"→"打印"命令。

2）在标准工具栏中单击"打印"按钮 🖶 。

3）在命令行输入：Plot。

执行以上操作都会弹出相应的打印模型对话框，如图 4-46 所示。

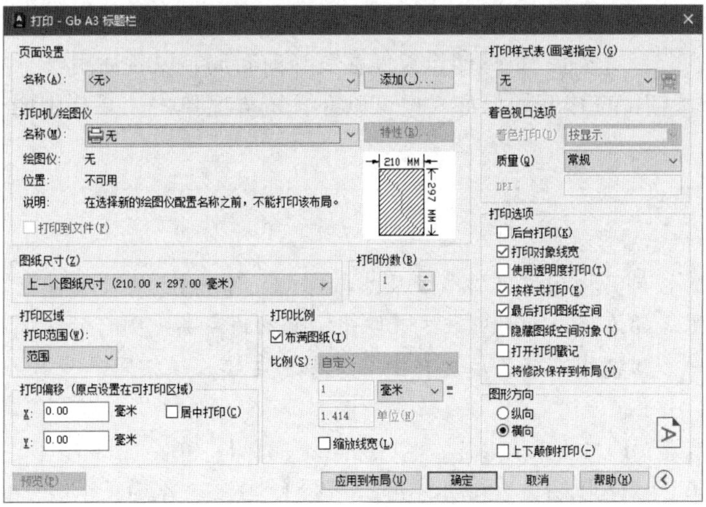

图 4-46　打印模型对话框

（2）打印设置说明

1）"页面设置"选项组：在"名称"下拉列表中选择已设置的页面，或添加新页面。

2）"打印机/绘图仪"选项组：在"名称"下拉列表中选择设备，其中的"DWG To PDF.pc3"选项可将图纸输出为 PDF 文件。若需要修改当前设备的参数，则单击"特性"按钮，在弹出的"绘图仪配置编辑器"对话框中可以进行打印设备、图纸尺寸、可打印区域及边界等设置。

3）"图纸尺寸"选项组：在下拉列表中选择当前设备可以输出的标准图纸大小。

4）"打印区域"选项组："打印范围"下拉列表中 4 个选项的含义如下。

① 显示：打印屏幕显示的图形。

② 图形界限：打印 Limits 命令设定的图形界限。

③ 范围：打印所有图形对象。

④ 窗口：打印在绘图区选取的区域，选择打印范围为"窗口"时，单击右侧的"窗口"按钮可以返回绘图区指定打印区域。

5）"打印偏移"选项组：CAD 默认从图纸左下角坐标（0,0）处打印图形，通过打印偏移可以重新指定打印原点 X、Y 方向的坐标偏移量，也可以居中打印。

6）"打印比例"选项组：一般按出图比例选择打印比例，如 1：100。当比例不是 1：1 时，最好选中"缩放线宽"复选框。

提示

1）考虑打印机有不能打印的"硬边"区域，一般先预设置打印偏移量 X、Y 的值；若还有部分边框不能打印，则再次调整相应的参数。

2）采用 1：1 比例绘制的图样，应按照图中标注的比例打印成图。

7）"预览"按钮：为了避免浪费图纸，应养成打印预览的习惯，按 Esc 键或 Enter 键可返回"打印"对话框重新设置。

8）"应用到布局"按钮：将打印设置保存到当前布局，以备后用。

9）"确定"按钮：直接开始打印（也可以在预览界面单击工具栏中的"打印"按钮）。

知识链接

1．比例的概念

比例是指图形与实物相对应的线性尺寸之比。比例符号为"："，以阿拉伯数字表示。比例宜注写在图名的右侧，字的基准线应取平，比例的字高比图名的字高小一号或两号；图名下应绘制一条粗横线，其长度应与图名文字所占的长度相同。

2．常用比例

常用比例有 1：1、1：2、1：5、1：10、1：20、1：30、1：50、1：100、1：150、1：200、1：500、1：100、1：2000。可用比例有 1：3、1：4、1：6、1：15、1：25、1：40、1：60、1：80、1：250、1：300、1：400、1：600、1：5000、1：10000、1：20000、1：50000、1：100000、1：200000。

图样的最终比例=绘图比例×出图比例。因为图形界限可以任意大，通常图形按 1：1 绘制，可省去尺寸换算。例如，2000mm 高的门，按 1：1 比例绘制，若出图比例是 1：50，则打印出的门高是 40mm，那最终比例就是 40：2000=(1：1)×(1：50)。

直 击 工 考

一、选择题（第 1～13 题为 1+X 考证试题，第 14～20 题为国赛试题）

1．施工平面图中标注的尺寸只有数量没有单位，按国标规定单位应该是（　　）。
   A．mm 　　　　　　 B．cm 　　　　　　 C．m 　　　　　　 D．km

2．A3 图纸的幅面尺寸为（　　）。
   A．841mm×1189mm 　　　　　　 B．594mm×841mm
   C．420mm×594mm 　　　　　　　 D．297mm×420mm

3．细实线一般可作为（　　）。
   A．主要可见轮廓线 　　　　　　 B．可见轮廓线
   C．不可见轮廓线 　　　　　　　 D．图例填充线

4．（多选）下列关于线型和应用的描述中，正确的有（　　）。
   A．应当根据图面比例和线条密度选择线型宽度
   B．粗、中、细线的线宽比例是 1：0.5：0.25
   C．建筑的轮廓线应使用粗实线表现
   D．建筑不可见部分可以使用虚线表现
   E．点画线主要用于表示形体的对称轴

5. 定位轴线应使用（　　）线进行绘制。

　　A．中粗点画　　　　B．中点画　　　　C．细点画　　　　D．粗点画

6. 下列不属于组合体的尺寸类型的是（　　）。

　　A．定形尺寸　　　　B．定量尺寸　　　　C．定位尺寸　　　　D．总尺寸

7. 下列关于比例的描述中，不正确的是（　　）。

　　A．比例的大小是指比值的大小

　　B．建筑工程多用放大的比例

　　C．1：20 表示图纸所画物体比实体缩小 20 倍

　　D．比例应使用阿拉伯数字表示

8. 三投影面体系由 3 个相互（　　）的投影面组成。

　　A．平行　　　　　　B．垂直　　　　　　C．等分　　　　　　D．对称

9. 物体在水平投影面上反映的方向是（　　）。

　　A．上下、左右　　　B．前后、左右　　　C．上下、前后　　　D．上下、左前

10. 下列关于组合体的三视图说法中，正确的是（　　）。

　　A．俯视图画在主视图的下方　　　　　　B．左视图画在主视图的右侧

　　C．主视图和俯视图长对正　　　　　　　D．俯视图和左视图高平齐

　　E．主视图和左视图宽相等

11. 已知某构件的左侧立面和平面图，请选择正立面图正确的一项。（　　）

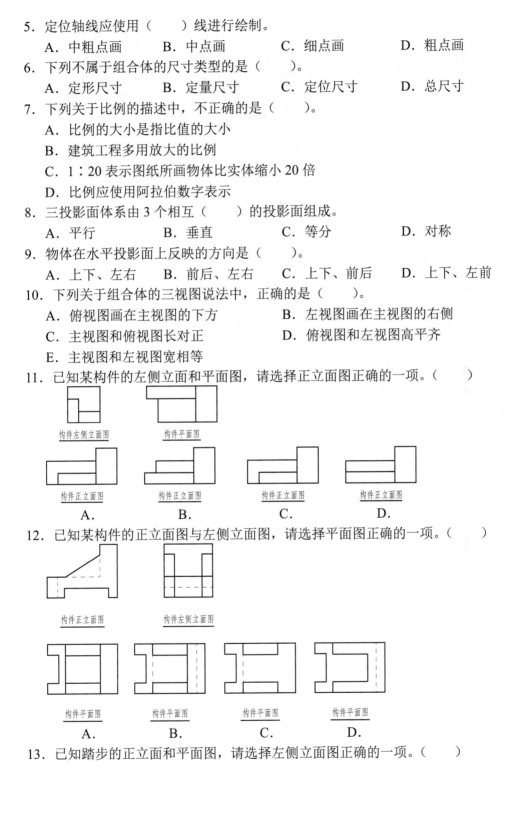

12. 已知某构件的正立面图与左侧立面图，请选择平面图正确的一项。（　　）

13. 已知踏步的正立面和平面图，请选择左侧立面图正确的一项。（　　）

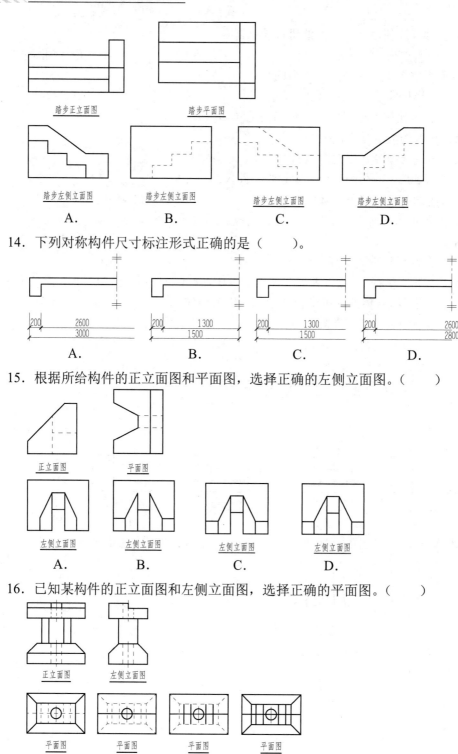

14. 下列对称构件尺寸标注形式正确的是（　　　）。

15. 根据所给构件的正立面图和平面图，选择正确的左侧立面图。（　　　）

16. 已知某构件的正立面图和左侧立面图，选择正确的平面图。（　　　）

17. 根据所给平面图和 1—1 剖面图，选择正确的 2—2 剖面图。（　　）

1—1　　　　　　　　平面图

A.　　　　　　B.　　　　　　C.　　　　　　D.

18.（多选）根据所给构件的正立面图和平面图，选择正确的左侧立面图。（　　）

正立面图　　　　平面图

左侧立面图　　左侧立面图　　左侧立面图　　左侧立面图　　左侧立面图

A.　　　　　B.　　　　　C.　　　　　D.　　　　　E.

19.（多选）根据所给构件的左侧立面图和平面图，选择正确的正立面图。（　　）

平面图　　　　左侧立面图

正立面图　　正立面图　　正立面图　　正立面图　　正立面图

A.　　　　　B.　　　　　C.　　　　　D.　　　　　E.

20.（多选）三面投影都正确的视图组有（　　）。

A.　　　　　　B.　　　　　　C.

D.　　　　　　E.

二、操作题

（一）1+X 考证试题

1. 补充绘制图样的左视图（含虚线），无须标注尺寸，提供的示例图仅供参考。

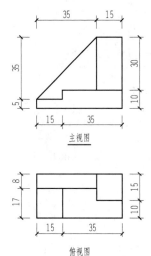

2. 设置绘图空间的图形界限为 594mm×420mm（按照绘图比例进行缩放）。

3. 设置绘图环境的参数。

1）设置图形单位中长度、角度、精度的保留小数点位数（精度设置为 0.00）。

2）根据绘图习惯，设置绘图区选项的十字光标大小、自动捕捉标记大小、靶框大小、拾取框大小和夹点大小。

3）设置自定义草图。

4. 设置图层、文字样式、标注样式。

1）图层设置至少包括：轴线、墙体、门窗、楼梯踏步、散水坡道、标注、文字、填充等。图层颜色自定，图层线型和线宽应符合建筑制图国标的要求。

2）设置两个文字样式，分别用于汉字及数字和字母的注释，所有字体均为直体字，宽度因子为 0.7。

① 用于"汉字"的文字样式。

文字样式命名为"HZ"，字体名选择"仿宋"语言"CHINESE GB2312"。

② 用于"数字和字母"的文字样式。

文字样式命名为"XT"，字体名选择"simplex.shx"，大字体选择"HZTXT"。

3）设置尺寸标注样式。

尺寸标注样式名为"BZ"，其中文字样式使用"XT"，其他参数请根据国标的相关要求进行设置。

5. 设置模型空间、布局空间的参数。

1）在模型空间和布局空间分别按 1∶1 的比例放置符合国标的 A2 横向图框，并按照出图比例进行缩放。设置布局名称为"PDF-A2"。

2）按照出图比例设置视口大小，并锁定浮动视口的比例及大小尺寸。

6. 打印设置。

配置打印机/绘图仪的名称为 DWG TO PDF.pc5；纸张幅面为 A2、横向；可打印区域页边距设置为 0，采用单色打印，打印比例为 1∶1，图形绘制完成后按照出图比例进行布局出图。

7. 虚拟打印。

将任务 4（见配套的教学资源包）绘制完成的一层平面图布置在 A2 图框布局中，布局设置与任务 1（见配套的教学资源包）要求保持一致，将一层平面图打印输出为 PDF 格式。

（二）国赛试题

1. 任务 1——创建布局。

1）新建布局并更名为"PDF-A3"（大写）。

2）打印设置：配置打印机/绘图仪的名称为 DWG TO PDF.pc5；纸张幅面为 A3、横向；可打印区域页边距设置为 0，采用单色打印，打印比例为 1∶1。

3）在布局"PDF-A3"中按 1∶1 的比例绘制符合国标的 A3 横向图框。

4）将样板文件保存为"TASKO1.dwt"，并保存到指定文件夹中。

2. 任务 2——屋面投影（80 分）。

1）已知不等坡屋面的水平投影轮廓、尺寸和坡度，如图 4-47 所示。

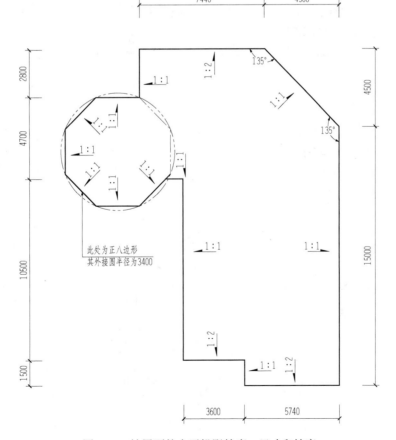

图 4-47　坡屋面的水平投影轮廓、尺寸和坡度

2）完成该屋面的三面投影（含虚线）。

3）无须标注尺寸。

4）将文件命名为"TASKO2.dwg"并存盘。

3．任务 6——抄绘施工图。基于任务 1 的样板文件"TASKO1.dwt"开始建立新图形文件，并按照需要进行修改，将文件命名为"TASKO6.dwg"并保存到指定的文件夹中。本任务要求绘制的所有图形，均绘制在此.dwg 文件中。

1）设置绘图环境。

① 绘图环境的设置主要包括：创建图层及设置其线型、文字样式、尺寸样式等。

② 图层至少包括：轴线、墙体、门窗、楼梯踏步、散水坡道、标注、文字、填充等。图层颜色自定，图层线型和线宽应符合建筑制图国标要求。

2）模型空间 1:1 绘图。

① 抄绘一层平面图，并修正图纸中有错误的地方，见任务 6 附图（见配套的教学资源包）。

② 抄绘南立面图，见任务 6 附图（见配套的教学资源包）。

③ 补绘 1—1 剖面图。

特别注意：图名及比例注写均绘制在布局空间。

3）图样布置与打印。

① 需要设置 3 个 A2 图框布局，布局名称分别为"车库层平面图""南立面图""1—1 剖面图"。

② 将"一层平面图""南立面图""1—1 剖面图"按 1:100 的出图比例分别布置在 3 个 A2 图框布局中，并锁定视口。

③ 将上述布局分别打印为 PDF 文件，文件名称与布局名称一致，并保存到指定的文件夹中。

（三）设计研究院案例

根据给定的如图 4-48 所示的砌筑体轴测图，设置绘图环境，绘制三视图，再创建合适的布局，按 1:1 的比例布局基本视口；再新建视口，按 1:2 的比例布局轴测图，最后进行合理的设置，并将图纸打印输出为 PDF 文件。

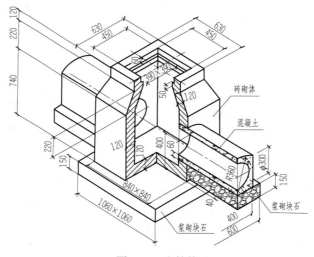

图 4-48　砌筑体

5
项目

绘制建筑平面图

>>>>>

◎ **项目导读**

    本项目通过绘制别墅平面图，详细介绍了绘图环境设置，轴线、墙体、门窗、楼梯的绘制，以及尺寸标注与文字书写等内容。在绘制过程中，应注重训练空间想象、三维实体到二维视图的转换、图纸处理等技能。

◎ **学习目标**

知识目标

1）掌握 AutoCAD 建筑施工图绘图环境中的常用设置。

2）掌握 AutoCAD 二维平面绘图、图形编辑、尺寸标注、文字书写、图层管理、图纸输出等操作方法。

能力目标

1）能进行三维实体到二维视图的转换、图纸处理等操作。

2）能设置绘图环境并绘制建筑平面图。

素养目标

1）培养空间思维、创新思维和举一反三解决问题的能力。

2）传承和发扬一丝不苟、精益求精、追求卓越的工匠精神。

绘制教学楼平面图定位线和墙柱

任务描述

微课：绘制教学楼平面图定位线和墙柱

1）回顾建筑物的分类、民用建筑的构造组成、建筑平面图的形成过程，分析建筑平面图的绘图流程。

2）参照如图 5-1 所示的教学楼一楼平面图，按照国标《房屋建筑统一标准》（GB/T 50001—2017）中的规定，设置绘图界限、图形单位、图层等绘图环境，并绘制轴网和墙、柱。

任务分析

理解建筑平面图的形成过程，正确识读建筑平面图，设置图形界限及相应数量的图层，提供规范、清晰的绘图环境。在建筑平面图中通常创建轴线、柱子、墙线、门窗、楼梯、看线、标注、文字等图层。

分析平面图的轴线距离，使用偏移、修剪等命令绘制建筑物的轴网，将其作为后续确定墙、柱、梁等承重构件的位置和房间的大小、标注定位尺寸的基线。

分析平面图中的建筑构件：墙、柱、断面轮廓线使用粗实线进行绘制，其中墙线一般使用多线绘制，钢筋混凝土柱一般需要填充。

知识铺垫

1. 建筑的分类

建筑的分类方法有多种，根据使用性质的不同，可分为民用建筑（包括居住建筑和公共建筑）、工业建筑、农业建筑三大类。

2. 民用建筑的构造组成

一幢房屋主要由基础、墙或柱、楼地板、楼梯、屋顶及门窗六大部分组成，同时还包含一些辅助附属设施，如图 5-2 所示。

3. 房屋建筑工程施工图的种类

建筑工程施工图分为建筑施工图、结构施工图、设备施工图。

1）建筑施工图（建施）：通常包括建筑总平面图、建筑平面图、建筑立面图、建筑剖面图和建筑详图。

2）结构施工图（结施）：通常包括基础图、结构平面布置图、各构件的结构详图和结构构造详图。

3）设备施工图（设施）：通常包括给水排水、采暖通风、电气照明设备的布置及安装要求，有平面布置图、系统图和详图。

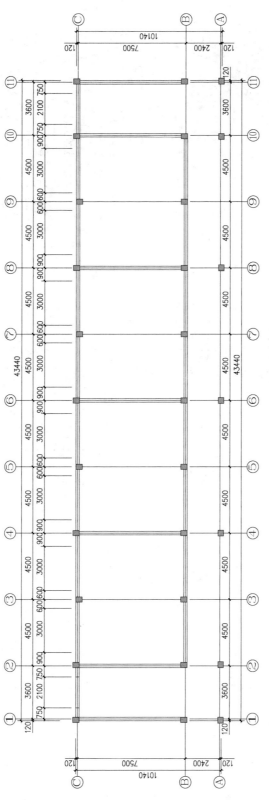

图 5-1　教学楼一层平面图轴网和墙线

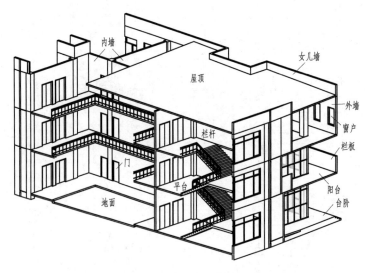

图 5-2　房屋的构造组成

4. 建筑平面图的形成

假想用一个水平剖切面，沿门窗洞口（通常离本层楼地板高约 1.2m，在上行的第一个梯段内）将房屋剖切开，移去剖切面及以上部分，将余下的部分按正投影的原理，投射在水平投影面上得到的图形称为建筑平面图，如图 5-3 所示。

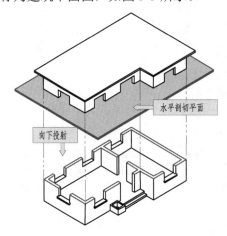

图 5-3　建筑平面图的形成

5. 建筑平面图的绘图流程

建筑平面图的绘图流程如下：①设置绘图环境→②绘制定位轴线→③绘制墙、柱→④绘制门窗、楼梯、台阶等其他建筑构件→⑤标注尺寸、说明文字等→⑥组图。

任务实施

1. 设置图形单位及界限

使用图形单位命令，设置图形长度单位的类型为"小数"，精度为"0"；使用图形界限命令，设置图形界限的左下角坐标为（0,0），右上角坐标为（59400,42000）。

2. 设置图层

参照表 5-1，新建图框、轴线、墙线、门窗、柱子、标注、文字、楼梯、其他构件（如墙体、台阶、散水）等图层，并设置图层的颜色、线型、线宽等。

表 5-1　图层特性

序号	图层	颜色	色号	线型	线宽
1	图框	白色	7	Continuous	默认
2	轴线	红色	1	Center	默认
3	墙线	白色	7	Continuous	默认
4	门窗	青色	4	Continuous	默认
5	柱子	白色	7	Continuous	默认
6	标注	绿色	3	Continuous	默认
7	文字	白色	7	Continuous	默认
8	楼梯	黄色	2	Continuous	默认
9	其他构件	白色	7	Continuous	默认

3. 绘制轴网

将"轴线"图层设置为当前图层，打开正交和对象捕捉模式，使用直线命令绘制两条正交直线，横线长为 43440、竖线长为 10140，绘制结果如图 5-4 所示。

图 5-4　两条正交直线

使用偏移命令，按如图 5-1 所示的轴线距离分别偏移水平轴线和竖直轴线。使用延伸命令，将各条轴线端点往两侧分别延伸 1000，绘制结果如图 5-5 所示。

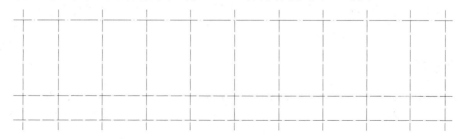

图 5-5　绘制的轴网

4. 绘制墙线

新建名为"QT"的多线样式，参数设置如图 5-6 所示。

将"墙线"图层设置为当前图层，使用多线命令绘制墙体，厚度为 240，如图 5-7 所示。

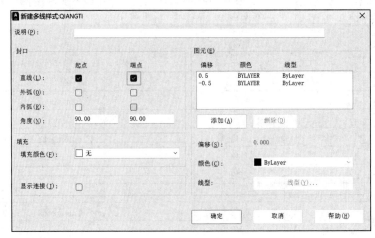

图 5-6　设置墙体多线参数

图 5-7　绘制的墙线

再使用多线编辑命令，根据墙体与墙体连接不同的方式，使用"角点结合""T 形打开"工具对墙体进行编辑。

5. 绘制柱子

将"柱子"图层设置为当前图层，使用矩形、填充等命令绘制矩形框架柱，其中 A 轴柱子的截面尺寸为 400×400，B、C 轴柱子的截面尺寸为 350×450。同类柱子绘制好一个后，以轴网交点为基点，复制出多个柱子。

🔧 任务拓展

在模型空间按 1∶1 的比例，并按国标规定绘制某商场一层平面图的定位轴线、墙、柱，内外墙厚度均为 240，柱子的尺寸为 400×400，如图 5-8 所示。要求投影正确，表达规范。

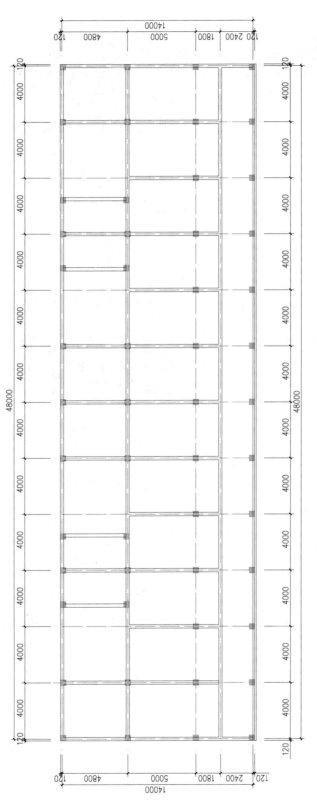

图 5-8　某商场的一层平面图

任务 5.2

绘制教学楼平面图建筑构件

任务描述

按照如图 5-9 所示的教学楼一层平面图，绘制门窗、楼梯、散水、台阶及坡道等建筑构件。

微课：绘制教学楼
平面图建筑构件

任务分析

绘制建筑平面图中的其他建筑构件：门、窗、楼梯、散水、台阶、坡道等，轮廓线使用实线进行绘制。

绘制门窗前需要明确门窗的尺寸、样式和开启方式；绘制门时通常先创建门块，然后在相应位置插入块；窗一般采用多线绘制，具体尺寸在门窗表中明确。

绘制楼梯、台阶前，需要明确踏步宽度及数量、平台尺寸、扶手尺寸等。

技能准备

1. 绘制门块

使用矩形工具绘制门扇（长 1000，厚 50），以矩形左下角点为圆心、矩形长为半径绘制圆并修剪成 90° 的圆弧，使用创建块命令制作门块；在单扇门的基础上使用镜像命令绘制双扇门，再创建成块，如图 5-10 所示。

2. 绘制楼梯

使用偏移命令绘制第一条踏步线，使用矩形阵列命令绘制其余踏步线；然后使用矩形及偏移命令绘制中间扶手后修剪踏步线；最后使用引线命令绘制箭头，使用折断线命令绘制折断线，绘制过程如图 5-11 所示。

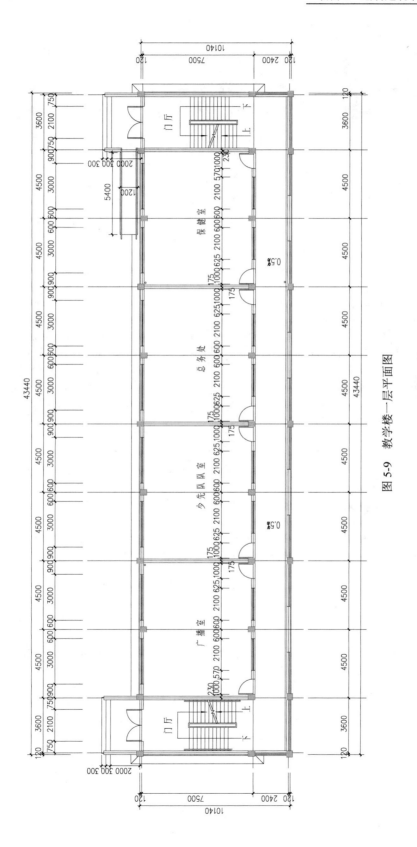

图 5-9　教学楼一层平面图

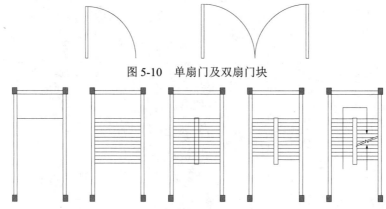

图 5-10　单扇门及双扇门块

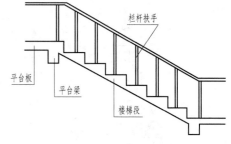

图 5-11　楼梯的绘制过程

📖 知识铺垫

1. 楼梯的组成

一般建筑中楼梯的组成如图 5-12 所示，通常建筑平面图中的楼梯需要绘制楼梯段、平台板、栏杆扶手。

2. 室外台阶的组成与布置

室外台阶主要由台阶和踏步组成，布置形式主要有单面踏步式、三面踏步式、踏步坡道结合式，如图 5-13 所示。

图 5-12　楼梯的组成

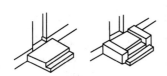

　（a）单面踏步式　　　　　　（b）三面踏步式　　　　（c）踏步坡道结合式

图 5-13　室外台阶的布置形式

⚙️ 任务实施

1. 绘制门窗

1）门窗洞定位：参照门、窗洞口位置偏移轴线，使用修剪或打断命令对墙线进行编辑，完成门窗洞口的绘制，如图 5-14 所示。

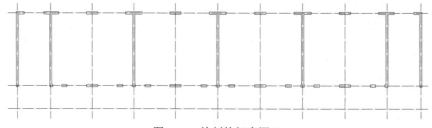

图 5-14　绘制的门窗洞口

2）统计门窗数量，如表 5-2 所示；再将"门窗"图层设置为当前图层。

表 5-2　门、窗统计表

构件	编号	洞口尺寸（宽×高）	数量
门	M1	1000×3000	8
	M2	2100×2700	2
窗	C1	2100×2100	8
	C2	3000×2100	8

3）绘制门：制作宽为 1000 的单扇门图块，在图中的相应位置插入门图块，并调整插入比例，使之适合图形需求。

4）绘制窗：新建名为"Win"的多线样式，设置多线条数为 4，4 条线的偏移量依次为 0.5、0.167、-0.167、-0.5，然后使用多线命令在相应位置绘制窗线，绘制结果如图 5-15 所示。

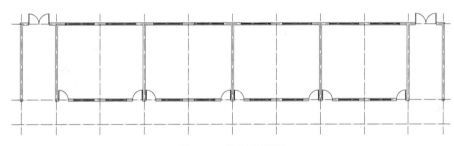

图 5-15　绘制的门窗

2. 绘制楼梯

将"楼梯"图层设置为当前图层，使用直线、阵列、修剪等命令绘制楼梯踏步线及楼梯扶手，使用折断线命令绘制楼梯折断线，绘制结果如图 5-16 所示。

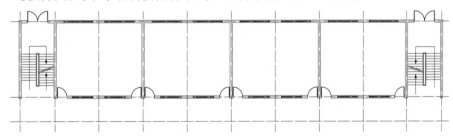

图 5-16　绘制的楼梯

3. 绘制台阶、散水

将"其他构件"图层设置为当前图层，使用直线、矩形等命令绘制台阶、坡道、散水，其中散水宽 600。

 任务拓展

在模型空间按 1∶1 的比例，在图 5-8 的基础上按建筑制图国标规定绘制某商场一层平面图的门窗、楼梯、台阶等构件，如图 5-17 所示。要求投影正确，表达规范。

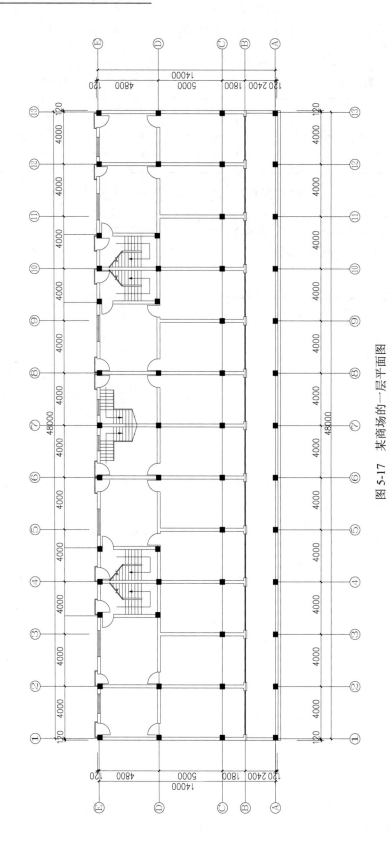

图 5-17　某商场的一层平面图

任务 5.3

标注教学楼平面图

任务描述

1）回顾建筑制图标准中与标注相关的规定，包括文字、尺寸、标高、轴号等。

2）参照如图 5-18 所示的教学楼一层平面图，根据建筑制图国标规定，对文字、尺寸、标高、轴号等进行标注。

微课：标注教学楼平面图

任务分析

正确理解并掌握建筑制图标准中关于平面图各类标注的规定。

建筑平面图的文字标注一般包括多行和单行文字标注，注写过程中需要注意特殊字符的正确输入。

建筑平面图的尺寸标注一般包含 3 道，在进行尺寸标注时通常先使用线性标注命令，然后使用连续标注命令完成同一道尺寸的剩余部分的尺寸标注。

注写标高、轴号时，通常先创建标高块、轴号块，然后在相应区域插入并修改标高块、轴号块。

技能准备

使用圆、直线、填充等命令绘制指北针，绘制过程如图 5-19 所示。

知识铺垫

1. 轴号

定位轴线圆应使用细实线进行绘制，直径为 8～10，定位轴线圆的圆心应在定位轴线的延长线上。

横向编号采用阿拉伯数字，从左到右顺序编写；竖向编号采用大写拉丁字母，从下自上顺序编写，拉丁字母的 I、O、Z 不得用作轴线编号。

2. 索引符号

索引符号的圆及水平直径均应使用细实线表示，圆的直径为 8～10。

根据索引出的详图与被索引的详图是否在同一张图纸中，索引符号的编写规定如图 5-20 和图 5-21 所示。索引剖视详图时的剖切符号如图 5-22 所示。

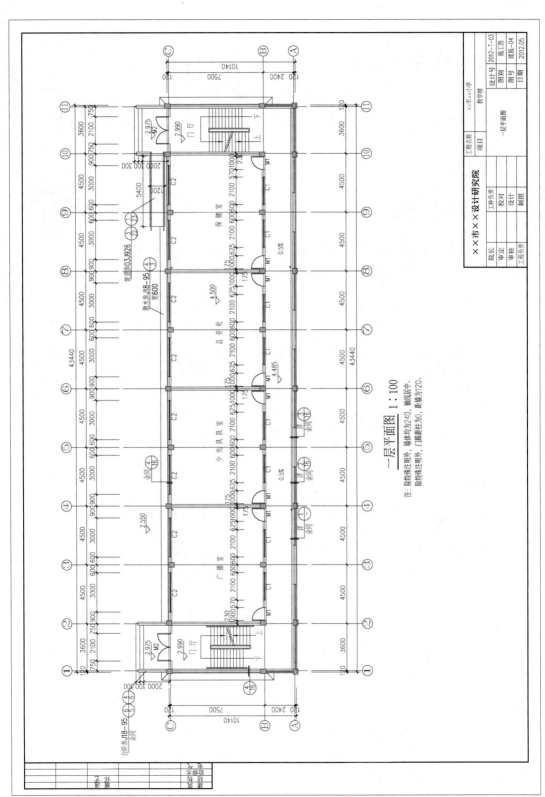

一层平面图 1：100

注：除特殊注明外，墙体均为240，轴线居中。
除特殊注明外，门跺均为0，距墙为120。

图 5-18　教学楼一层平面图

① 绘制直径为　② 捕捉圆的象限点，　③ 将中心线左右各　④ 将左右直线的上端　⑤ 删除中间的　⑥ 在圆顶部，线
24 的圆。　　　绘制圆的中心直线。　偏移 1.5。　　　点移至中间线的上端点。　线并填充。　　的尖端注写字母 N。

图 5-19　指北针的绘制过程

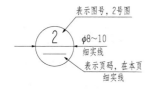

图 5-20　同一张图纸中的索引符号

图 5-21　不同图纸间的索引符号

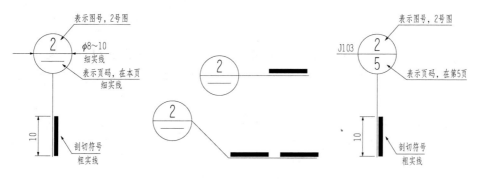

图 5-22　索引剖视详图时的剖切符号

3. 引出线

引注由引点、引出线、引注文字 3 部分组成，引出线使用细实线进行绘制，宜采用水平方向的直线，与水平方向成 30°、45°、60°、90° 的直线。索引详图的引出线，应与水平直径线相连，如图 5-23 和图 5-24 所示。引注文字可以写在水平线上方，也可以写在端部。

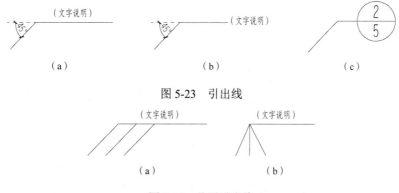

（a）　　　　　　　　（b）　　　　　　　　（c）

图 5-23　引出线

（文字说明）　　　　（文字说明）

（a）　　　　　　　　（b）

图 5-24　共用引出线

4. 指北针

如图 5-25 所示，指北针的圆直径宜为 24，使用细实线进行绘制。指针尾部的宽度为 3，指针头部宜注"北"或"N"，如果需要使用较大的直径

图 5-25　指北针　绘制指北针，则尾部的宽度一般为直径的 1/8。

任务实施

1. 标注文字

新建名为"WZ"的文字样式，设置字体为"仿宋"，文字宽高比为 0.7，高度为 500。

将文字图层设置为当前图层，使用单行文字或多行文字命令注写文字，再使用复制命令将文字复制到合适的区域，然后双击进行修改。

2. 标注尺寸

新建名为"BZ"的标注样式，设置"超出尺寸线"的值为 2，"起点偏移量"的值为 2；设置字体为 simplex.shx，字高为 3，宽高比为 0.7；设置单位格式为"小数"，精度为"0"。

将标注图层设置为当前图层，使用线性标注命令标注第一个尺寸后，使用连续标注命令完成同一道尺寸的剩余部分的尺寸标注。重复以上操作完成平面图中其他尺寸的标注。

3. 绘制标高

将"标注"图层设置为当前图层。使用直线、定义属性等命令绘制标高块，使用插入块命令在平面图中的相应位置插入标高块并正确设置标高数据。

4. 绘制轴号

将"标注"图层设置为当前图层，使用直线、圆、定义属性等命令绘制轴号块，然后使用插入块命令在各轴线端部插入轴号块并设置对应的轴线编号。

5. 插入图框

将"图框"图层设置为当前图层，按国标规定绘制图框或插入图框块，并调整位置。

任务拓展

在模型空间按 1∶1 的比例，在图 5-17 的基础上按建筑制图国标规定进行某商场平面图的文字标注、尺寸标注，并绘制标高等，如图 5-26 所示。要求投影正确，表达规范。

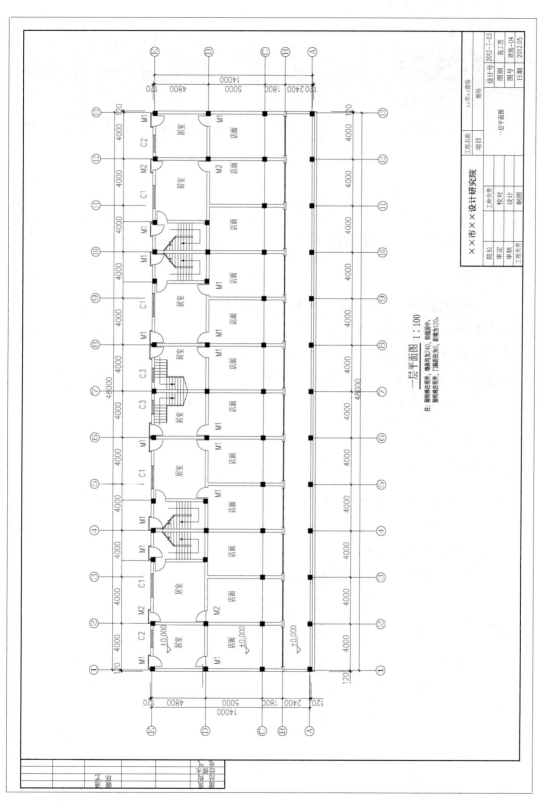

一层平面图 1：100

注：墙体未注明，墙体均为240、轴线居中。
墙体未注明，门窗注为加，后墙为120。

图 5-26 某商场的一层平面图

任务 5.4

绘 制 别 墅 的 一 层 平 面 图

任务描述

总结教学楼平面的绘制经验和技巧，分析如图 5-27 所示的别墅一层平面图。按照国标规定，设置绘图环境，科学地运用已学技能，规范、准确地绘制别墅平面图。

任务分析

通过识读别墅的一层平面图确认绘图内容和绘图顺序。

别墅的一层平面图的绘图内容主要有定位轴线、墙体、门窗、楼梯、室外台阶、散水、坡道等；标注内容主要有文字、尺寸、标高、图名、比例等。

主要绘图流程如下：①设置绘图环境→②绘制定位轴线→③绘制墙、柱→④绘制门窗、楼梯、台阶、散水等其他建筑构件→⑤标注尺寸、说明文字等→⑥组图。

任务实施

1. 设置图形单位及界限

使用图形单位命令，设置图形长度单位的类型为"小数"，精度为"0"；使用图形界限命令，设置图形界限的左下角坐标为（0,0），右上角坐标为（59400,42000）。

参照表 5-3，新建图框、轴线、墙线、门窗、柱子、标注、文字、楼梯、其他构件等图层，并设置相应图层的颜色、线型、线宽等。

表 5-3　图层特性

序号	图层	颜色	色号	线型	线宽
1	图框	白色	7	Continuous	默认
2	轴线	红色	1	Center	默认
3	墙线	白色	7	Continuous	默认
4	门窗	青色	4	Continuous	默认
5	柱子	白色	7	Continuous	默认
6	标注	绿色	3	Continuous	默认
7	文字	白色	7	Continuous	默认
8	楼梯	黄色	2	Continuous	默认
9	其他构件	白色	7	Continuous	默认

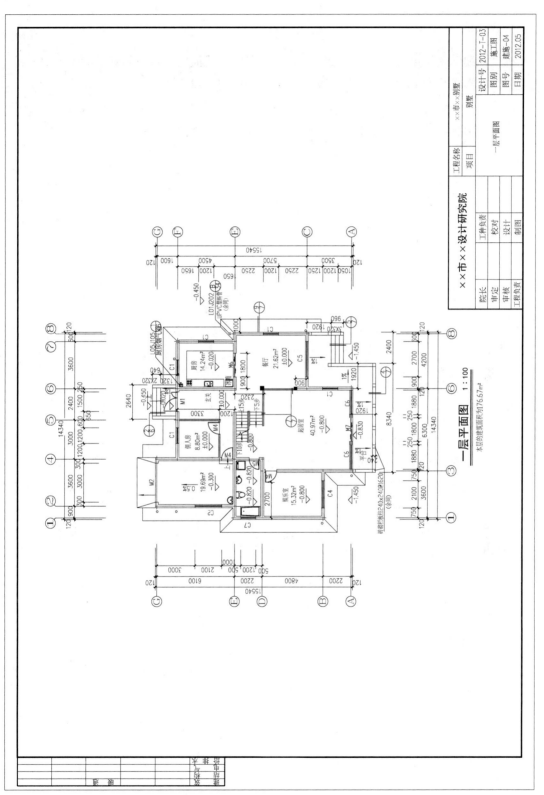

一层平面图　1:100

本层的建筑面积为176.67m²

图 5-27　某别墅的一层平面图

2. 绘制轴网

将"轴线"图层设置为当前图层，打开正交和对象捕捉模式，使用直线命令绘制两条正交直线，横线长为 14340、竖线长为 15540，结果如图 5-28 所示。

使用偏移命令，按如图 5-23 所示的轴线距离分别偏移水平轴线和竖直轴线。使用延伸命令将各条轴线端点往两侧分别延伸 1000，绘制结果如图 5-29 所示。

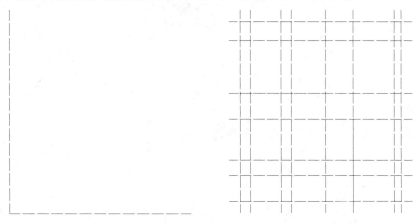

图 5-28　两条正交直线　　　　　　　图 5-29　绘制的轴网

3. 绘制墙、柱

1）将"墙线"图层设置为当前图层，新建名为"QT"的多线样式。

使用多线命令绘制墙线，厚度为 240（内隔墙厚度为 120）。

使用多线编辑命令，根据墙体与墙体连接方式的不同，选择"角点结合""T 形打开""十字打开"等工具对墙体进行编辑。

2）将"柱子"图层设置为当前图层，使用矩形、填充等命令绘制矩形柱，其中构造柱截面尺寸为 300×300 和 240×240 两类。绘制好一个柱子后，再使用复制命令，找轴网交点为基点，复制出同类柱子，绘制结果如图 5-30 所示。

4. 绘制门窗、楼梯、散水等其余构件

（1）绘制门窗

1）门窗洞口的定位：参照门窗洞口位置偏移轴线，使用修剪或打断命令对墙线进行编辑，完成门窗洞口的绘制，如图 5-31 所示。

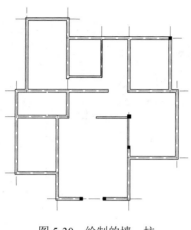

图 5-30　绘制的墙、柱

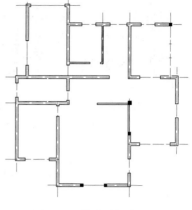

图 5-31　绘制的门窗洞口

2）统计门窗的数量，如表 5-4 所示；再将"门窗"图层设置为当前图层。

表 5-4　门、窗的数量

构件	编号	洞口尺寸（宽×高）	数量
门	M1	1500×2700	1
	M2	3000×2400	1
	M4	900×2100	3
	M5	800×2100	1
	M6	1800×2100	1
	M7	2700×2500	1
窗	C1	1200×1500	6
	C2	1800×600	1
	C4	2100×1800	1
	C5	2700×1800	1
	C6	1880×2550	2
	C7	1200×1500	1

3）绘制门：制作宽为 1000 的单扇门图块，在图中的相应位置插入门图块，并调整插入比例，使之适合图形的需求。

4）绘制窗：新建名为"Win"的多线样式，设置多线条数为 4，4 条线的偏移量依次为 0.5、0.167、−0.167、−0.5，然后使用多线命令在相应的位置绘制窗线，结果如图 5-32 所示。

（2）绘制楼梯

将"楼梯"图层设置为当前图层，使用直线、阵列、修剪等命令绘制楼梯踏步线及楼梯扶手，使用折断线命令绘制楼梯折断线，结果如图 5-33 所示。

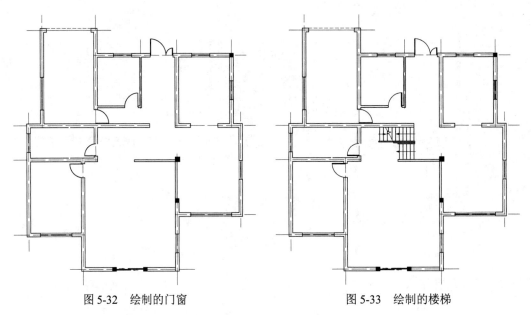

图 5-32　绘制的门窗　　　　　　　图 5-33　绘制的楼梯

（3）绘制台阶、散水

将"其他构件"图层设置为当前图层，使用直线、矩形等命令绘制台阶、坡道、散水、室外平台等，其中散水宽 1000、室外平台宽 1560、砖砌栏板柱的尺寸为 240×240。绘制完毕后，结果如图 5-34 所示。

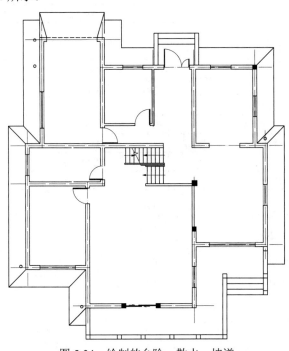

图 5-34　绘制的台阶、散水、坡道

5．标注

（1）文字标注

使用文字样式命令新建名为"工程字"的文字样式，设置字体为"仿宋"，文字宽高比为 0.7，高度为 400。

将"文字"图层设置为当前图层，使用单行文字或多行文字命令注写文字。

（2）尺寸标注

新建名为"标注"的标注样式，设置"超出尺寸线"的值为 2，"起点偏移量"的值为 2；设置字体为 simplex.shx，字高为 3，宽高比为 0.7；设置单位格式为"小数"，精度为"0"。

将"标注"图层设置为当前图层，使用线性标注命令标注第一个尺寸后，使用连续标注命令完成同一道尺寸的剩余部分的尺寸标注。重复以上操作完成平面图中其他尺寸的标注。

（3）标高绘制

将"标注"图层设置为当前图层，使用直线、定义属性等命令绘制标高块，使用插入块命令在平面图中的相应位置插入标高块并正确设置标高数据。

（4）轴号绘制

保持"标注"图层为当前图层，首先使用直线、圆、定义属性等命令绘制轴号块，然后使用插入块命令在各轴线端部插入轴号块并设置对应的轴线编号。

6. 插入图框

将"图框"图层设置为当前图层，按国标规定绘制图框或插入图框块，并调整位置。

任务拓展

在模型空间按 1∶1 的比例，并按建筑制图国标规定绘制某别墅的一层平面图的门窗、楼梯等构件，如图 5-35 所示。要求投影正确，表达规范。

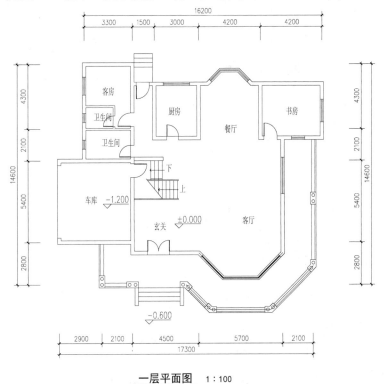

一层平面图 1∶100

图 5-35 某别墅的一层平面图

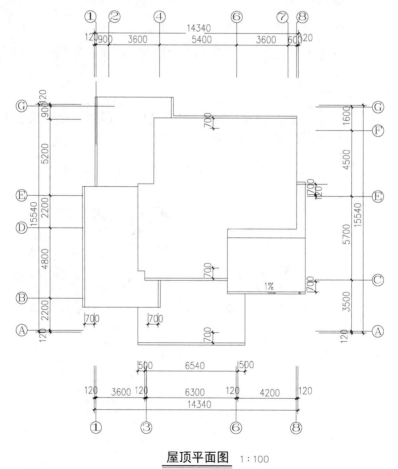

绘制别墅屋顶平面图檐沟

任务描述

1）回顾屋顶的分类、屋顶的排水方式、屋顶平面图的形成及内容组成。

2）参照如图 5-36 所示的别墅屋顶平面图，根据建筑制图国标规定，设置绘图环境、绘制檐沟。

屋顶平面图 1:100

图 5-36 别墅屋顶檐沟

任务分析

理解建筑屋顶平面图的形成过程，正确识读建筑屋顶平面图，设置图形界限及相应数量的图层，提供规范、清晰的绘图环境。在建筑屋顶平面图中通常创建定位轴线、檐沟、分水线、落水管、天沟线、标注、文字等图层。

分析屋顶平面图的轴线距离，使用偏移、修剪等命令绘制建筑物的轴网，将其作为后续确定檐沟、分水线等位置、标注定位尺寸的基线。

分析别墅屋顶檐口大样图，确定檐沟的位置及尺寸。

知识铺垫

1. 屋顶的分类

由于地域、自然环境、屋面材料、承重结构等不同，屋顶的类型也有很多，一般可分为三大类：平屋顶、坡屋顶、曲面屋顶。

2. 屋顶平面图的形成

屋顶平面图是指表明屋面排水情况和突出屋面构造位置的图形，是屋面的水平投影图。不管是平屋顶还是坡屋顶，应主要表示出屋面的排水情况，并突出屋面的全部构造位置。

3. 屋顶平面图的内容

民用建筑屋顶平面图主要包含以下内容。
1）屋顶的形状和尺寸，屋檐的挑出尺寸，女儿墙的位置和厚度，突出屋面的楼梯间、水箱间、烟囱、通风道等。
2）屋面排水情况，包括排水分区、排水方向、屋面坡度和雨水管等。
3）屋顶、屋面的有关索引。

任务实施

1. 设置绘图环境

使用图形单位命令，设置图形长度单位的类型为"小数"，精度为"0"；使用图形界限命令，设置图形界限的左下角坐标为（0,0），右上角坐标为（59400,42000）。

参照表5-5，新建图框、轴线、檐沟、屋面排水、尺寸标注、文字、其他等图层，并设置相应图层的颜色、线型、线宽等。

表 5-5　图层特性

序号	图层	颜色	色号	线型	线宽
1	图框	白色	7	Continuous	默认
2	轴线	红色	1	Center	默认
3	檐沟	白色	7	Continuous	默认
4	屋面排水	白色	7	Continuous	默认
5	尺寸标注	绿色	3	Continuous	默认
6	文字	白色	7	Continuous	默认
7	其他	白色	7	Continuous	默认

2. 绘制轴网

将"轴线"图层设置为当前图层，打开正交和对象捕捉模式，使用直线命令绘制两条正交直线，横线长为 14340、竖线长为 15540，结果如图 5-37 所示。

使用偏移命令，按如图 5-36 所示的轴线距离分别偏移水平轴线和竖直轴线。使用延伸命令将各条轴线端点往两侧分别延伸 1000，绘制结果如图 5-38 所示。

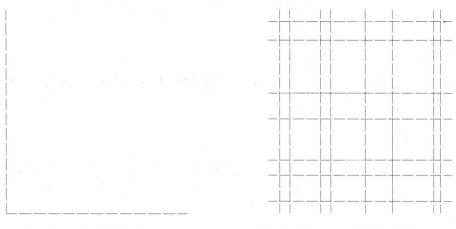

图 5-37　两条正交直线　　　　　　　　　图 5-38　绘制的轴网

3. 绘制檐沟

将"檐沟"图层设置为当前图层，根据如图 5-39 所示的别墅檐沟大样尺寸数据，使用偏移、直线等命令绘制檐沟，轴线偏移距离如图 5-40 所示，其中檐沟宽度为 150，绘制完成后删除辅助轴线。

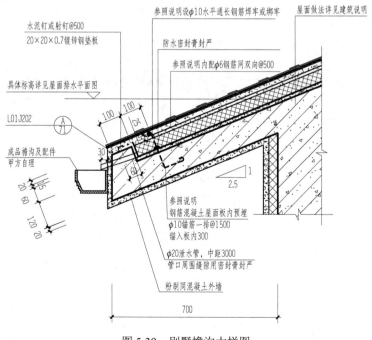

图 5-39　别墅檐沟大样图

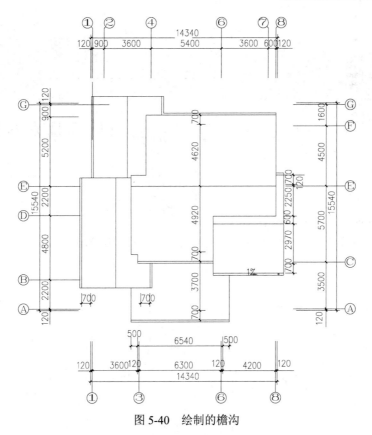

图 5-40 绘制的檐沟

🔧 **任务拓展**

在模型空间按 1∶1 的比例,并按建筑制图国标规定绘制别墅的屋顶平面图的轴线及檐沟,如图 5-41 所示。要求投影正确,表达规范。

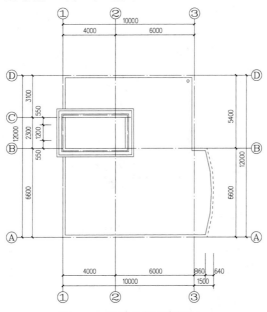

图 5-41 别墅的屋顶平面图 1

绘制别墅的屋顶排水并标注

任务描述

1）回顾屋顶的排水方式及坡度的绘制方法。

2）参照如图 5-42 所示的别墅屋顶平面图，根据建筑制图国标规定，绘制屋面排水、标注文字、尺寸、坡度等。

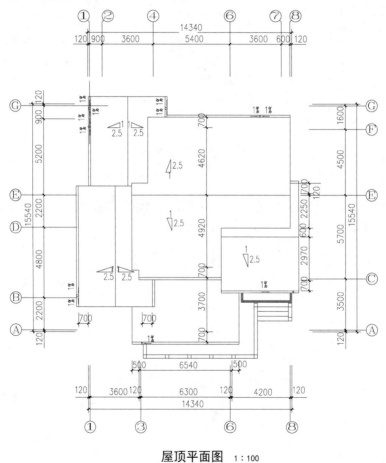

屋顶平面图 1：100

图 5-42　别墅的屋顶平面图

任务分析

理解建筑屋顶的排水形式及其构造细节、坡度的规范画法。

绘制屋面的排水形式，包括分水线、雨水管、排水方向等；标注文字、尺寸、坡度等。

通过分析屋顶不同方向排水的交界线明确分水线的位置，分水线一般处于屋顶的中间位置。

知识铺垫

屋顶的排水方式如下。

1）无组织排水：屋面雨水直接从檐口滴落至地面的一种排水方式，因为不用天沟、雨水管等导流雨水，所以又称自由落水。

2）有组织排水：雨水经由天沟、雨水管等排水装置被引导至地面或地下管沟的一种排水方式，雨水管设置在室外的称为外排水，设置在室内的称为内排水，如图 5-43 和图 5-44 所示。

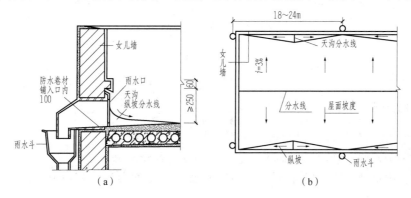

图 5-43　平屋顶女儿墙外排水天沟

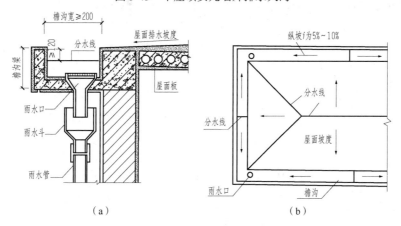

图 5-44　平屋顶檐沟外排水天沟

知识链接

坡度的表示方法如下。

（1）角度法

如图 5-45（a）所示，角度法是指以倾斜屋面与水平面所成的夹角表示屋面排水坡度的方法，如 α 为 26°、30° 等，在实际工程中不常用。

（2）斜率法

如图 5-45（b）所示，斜率法是指以屋顶高度和剖面的水平投影长度的比来表示屋面排水坡度的方法，如 $H:L$ 为 $1:2$、$1:20$、$1:50$ 等，其用于平屋顶及坡屋顶。

（3）百分比法

如图 5-45（c）所示，百分比法是指以屋顶高度与其水平投影长度的百分比来表示排水坡度的方法，如 i 为 1%、2%、3% 等，其主要用于平屋顶，适合于较小的坡度。

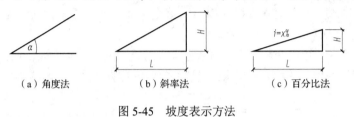

（a）角度法　　　　　　（b）斜率法　　　　　　（c）百分比法

图 5-45　坡度表示方法

🔧 任务实施

1. 绘制屋面排水

将"屋面排水"图层设置为当前图层。

1）绘制分水线：使用直线命令在屋顶的中间位置绘制分水线。

2）绘制雨水管：使用圆命令绘制直径为 150 的圆，再复制至其他位置，绘制完成所有的雨水管。

3）绘制排水方向：使用直线命令绘制排水方向，如图 5-46 所示。

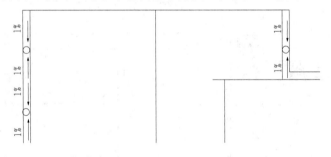

图 5-46　绘制别墅屋面的排水方向（局部）

2. 绘制其他看线

在屋面投影图中可以看到一部分室外台阶和平台，需要根据一层平面图中的尺寸数据绘制出相应的看线，如图 5-47 所示。

3. 标注文字

使用文字样式命令新建名为"工程字"的文字样式，设置字体为"仿宋"，文字宽高比为 0.7，高度为 400。

将"文字"图层设置为当前图层，使用单行文字或多行文字命令注写文字。

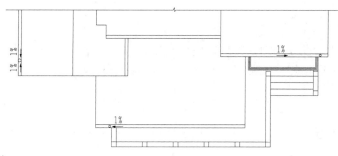

图 5-47 绘制的室外台阶和平台（局部）

4. 标注尺寸

新建名为"标注"的标注样式，设置"超出尺寸线"的值为 2，"起点偏移量"的值为 2；设置字体为 simplex.shx，字高为 3，宽高比为 0.7；设置单位格式为"小数"，精度为"0"。

将"标注"图层设置为当前图层，使用线性标注命令标注第一个尺寸后，使用连续标注命令完成同一道尺寸的剩余部分的尺寸标注。重复以上操作完成平面图中其他尺寸的标注。

5. 绘制坡度

将"标注"图层设置为当前图层，使用直线、文字等命令绘制一个坡度，使用复制命令完成其余坡度的绘制，如图 5-48 所示。

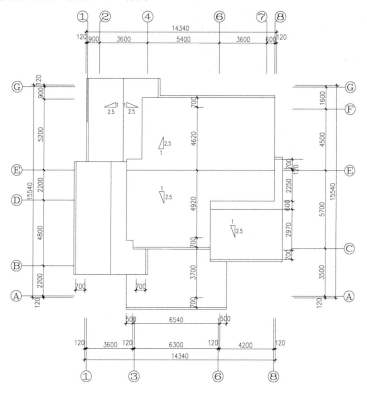

屋顶平面图 1∶100

图 5-48 绘制的坡度

6. 绘制轴号

将"标注"图层设置为当前图层，使用直线、圆、文字等命令绘制轴号块，然后使用插入块命令在各轴线端部插入轴号块并设置对应的轴线编号。

7. 插入图框

将"图框"图层设置为当前图层，按国标规定绘制图框或插入图框块，并调整位置。

 任务拓展

在模型空间按 1：1 的比例，并按建筑制图国标规定绘制别墅的屋顶平面图，如图 5-49 所示。要求投影正确，表达规范。

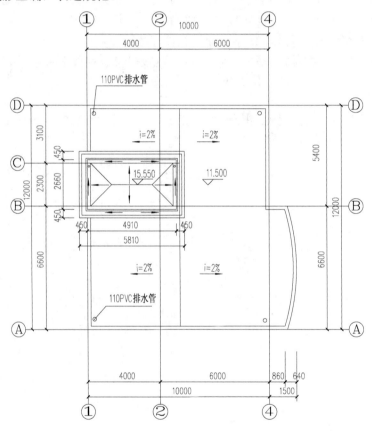

屋顶平面图 1：100

图 5-49 别墅的屋顶平面图

直 击 工 考

一、选择题（第 1～3 题为 1+X 考证试题，第 4～6 题为国赛试题）

1. 下列关于 $\frac{2}{B}$ 的描述中不正确的是（　　）。
   A. B 号轴线之前附加的第二根轴线
   B. B 号轴线之后附加的第二根轴线
   C. 详图所在图纸编号为 B，详图编号是 2
   D. 详图所在图纸编号为 2，详图编号是 B

2. 通常断面图的剖切位置线绘制成粗实线，长度宜为（　　）mm。
   A. 2～4　　　　　B. 4～6　　　　　C. 6～10　　　　　D. 10～12

3. （多选）下列说法中正确的是（　　）。
   A. 每层平面图中应标明相对标高
   B. 剖切符号应绘制在每层的平面图
   C. 构造详图的比例一般为 1∶100
   D. 首层平面图应绘制指北针
   E. 总平面图的比例一般为 1∶500

4. 如图 5-50 所示的图例表示的是（　　）。

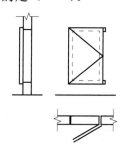

图 5-50　图例

   A. 人防单扇密闭门　　　　　　　B. 单层外开平开窗
   C. 人防单扇防护密闭门　　　　　D. 单层内开平开窗

5. 下列符号直径尺寸绘制应为 14mm 的选项是（　　）。

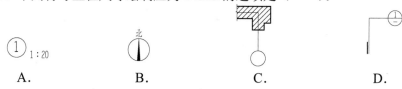

   A.　　　　　　　　B.　　　　　　　　C.　　　　　　　　D.

6. （多选）如图 ▨◢、◣▨ 所示，门的形式有（　　）。
   A. 单扇　　　　B. 双扇　　　　C. 弹簧　　　　D. 折叠
   E. 推拉

7．下列叙述中不正确的是（　　　）。

　　A．3%表示长度为 100、高度为 3 的坡度倾斜度

　　B．指北针一般绘制在总平面图和底层平面图上

　　C．总平面图中的尺寸单位为毫米，标高尺寸单位为米

　　D．总平面图的所有尺寸单位均为米，标注至小数点后两位

8．在某建施图中，有详图索引 ⑤⑦，其分子 5 的含义为（　　　）。

　　A．图纸的图幅为 5 号

　　B．详图所在的图纸编号为 5

　　C．被索引的图纸编号为 5

　　D．详图（节点）的编号为 5

9．能表明建筑物屋顶坡度的图是（　　　）。

　　A．剖面图　　　　　B．平面图　　　　　C．立面图　　　　　D．详图

10．从（　　　）可知总图与详图的关系。

　　A．剖面线的符号　　B．图名　　　　　C．索引符号　　　　D．对称符号

二、操作题（1+X 考证试题）

抄绘一层平面图。

1）新建文件。启动 CAD 绘图软件，自行完成新建后按要求进行绘制。

2）绘图要求。

① 抄绘一层平面图中的所有内容。

② 图中未明确标注的尺寸根据住宅建筑构造常见形式自行决定。

③ 绘图比例为 1∶1，出图比例为 1∶100。

④ 楼梯、家具无须绘制。

3）文件保存要求。将文件命名为"任务 4"并保存至计算机，保存格式为.dwg。将此文件通过考试平台中的"绘图任务文件上传"功能，单击任务 4 对应的"选择文件"按钮进行上传，确认无误后单击"确定上传"按钮完成本题的所有操作。

6
项 目

绘制建筑立面图

>>>>>

◎ **项目导读**

　　本项目主要介绍建筑立面图中的建筑外轮廓、门窗、阳台、外墙饰面、室外台阶等建筑构件的绘制操作。通过绘制不同方向的教学楼和别墅立面图，学生应掌握建筑体型和外貌、各建筑构配件的立面表达形式及立面标注方法。

◎ **学习目标**

知识目标

1）掌握 AutoCAD 建筑施工图绘图环境中的常用设置。
2）掌握建筑立面图的绘制方法。

能力目标

1）能在不同方向的立面图中绘制建筑外轮廓及建筑构件。
2）提升建筑立面识图和绘图等综合应用能力。

素养目标

1）强化规范意识、质量意识、效率意识，全面提升工程素养。
2）培养创新思维、全局思维，善于透过现象看本质。

任务 6.1

绘制教学楼立面图轮廓线

🔧 任务描述

1）回顾建筑立面图的形成过程、主要绘图内容，分析建筑立面图的绘图流程。

2）参照如图 6-1 所示的教学楼立面图，按照国标《房屋建筑统一标准》（GB/T 50001—2017）中的规定，绘制定位轴线、外墙轮廓线、室外地坪线。

微课：绘制教学楼
立面图轮廓线

🔧 任务分析

理解建筑立面图的形成过程，正确识读建筑的立面图，设置图形界限及相应数量的图层，提供规范、清晰的绘图环境。在建筑立面图中通常创建轴线、地坪线、柱子、墙线、门窗、标注、填充、文字等图层。

分析轴线距离及标高尺寸数据，使用偏移、修剪等命令绘制建筑物立面图的定位线（作为确定后续墙体和门窗的主要定位依据），包括水平方向和垂直方向的定位轴线。

分析平面图中的建筑构件：外墙轮廓线使用粗实线绘制，墙、柱、栏杆、腰线等用细实线绘制。

📖 知识铺垫

1. 建筑立面图的形成

在与建筑物立面平行的铅垂投影面上所绘制的投影图称为建筑立面图，简称立面图，形成过程如图 6-2 所示。

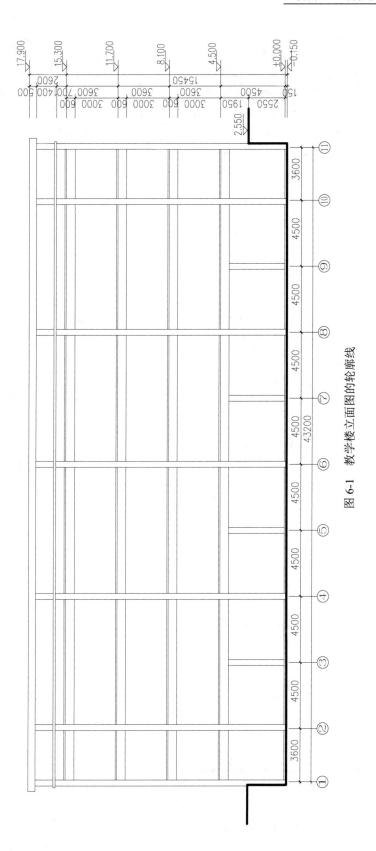

图 6-1　教学楼立面图的轮廓线

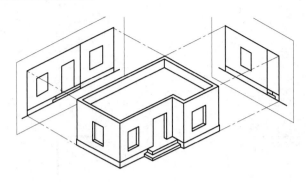

图 6-2　建筑立面图的形成

2. 建筑立面图的绘图内容

1）两端的定位轴线及编号。

2）立面外轮廓及主要建筑构造部件的位置，如室外地坪、台阶、勒脚、门窗、阳台、雨篷、栏杆、女儿墙顶、檐口、雨水管。

3）主要建筑装饰构件、饰面分格线。

4）主要标高的标注，如室外地面、窗台、门窗顶、檐口、屋顶、女儿墙及其他装饰构件、线脚等的标高或高度。

5）外立面的装饰要求，包括外墙的面层材料、色彩等。

6）在平面图上表达不清楚的窗编号。

3. 建筑立面图的绘图流程

建筑立面图的绘图流程如下：①设置绘图环境→②绘制定位轴线→③绘制外轮廓线、檐口线、腰线→④绘制立面门窗→⑤标注尺寸、说明文字等→⑥组图。

任务实施

1. 设置绘图环境

通常将立面图和平面图绘制在同一个文件中，无须再新建，可以直接在已完成的平面图下方绘制建筑立面图。

根据需要增加立面图中用到的图层，如轮廓线、栏杆、填充等，如表 6-1 所示，并设置相应图层的颜色、线型、线宽等。

表 6-1　图层特性 1

序号	图层	颜色	色号	线型	线宽
1	轮廓线	白色	7	Continuous	默认
2	栏杆	白色	7	Continuous	默认
3	填充	白色	7	Continuous	默认

2. 绘制轴网

将"轴线"图层设置为当前图层，打开正交和对象捕捉模式，使用直线命令绘制两条正交直线，横线长为 43200、竖线长为 18050，结果如图 6-3 所示。

图 6-3　两条正交直线

　　使用偏移命令按图 6-1 所示的轴线距离及楼层标高距离，分别偏移水平轴线和竖直轴线。使用延伸命令将各条轴线端点往两侧分别延伸 1000，绘制结果如图 6-4 所示。

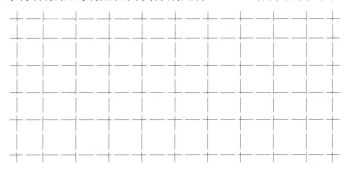

图 6-4　绘制的轴网

3. 绘制外轮廓线

　　1）使用偏移命令将两侧轴线分别向外偏移 120，得到外墙垂直定位线，再将外墙垂直定位线向外偏移 360，得到檐口垂直定位线。

　　2）使用偏移命令，将顶部的水平定位线向下偏移 500，得到檐口水平定位线。

　　3）将"墙线"图层设置为当前图层，使用直线命令绘制外轮廓线，绘制结果如图 6-5 所示。

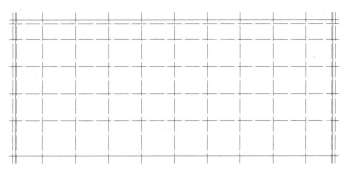

图 6-5　绘制的外轮廓线

4. 绘制檐口线、腰线

将"看线"图层设置为当前图层，使用直线命令绘制檐口线、腰线，绘制结果如图 6-6 所示。

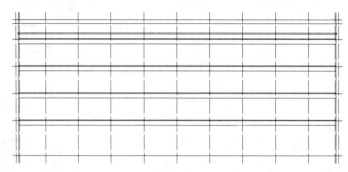

图 6-6　绘制的檐口线、腰线

5. 绘制外墙柱

使用偏移命令将两侧轴线分别向内偏移 120，将两侧第二根垂直轴线向外偏移 120、向内偏移 280，其余垂直轴线分别向内、向外各偏移 200。

使用直线命令绘制外墙柱看线，绘制结果如图 6-7 所示。

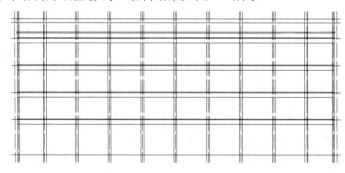

图 6-7　绘制的外墙柱

6. 绘制地坪线

将"墙线"图层设置为当前图层，使用多段线命令，设置线宽为 100，根据图 6-1 所示的尺寸数据绘制地坪线。

 任务拓展

在模型空间按 1∶1 的比例，并按建筑制图国标规定绘制教学楼的外轮廓、檐口线、腰线及地坪线，如图 6-8 所示。要求投影正确，表达规范。

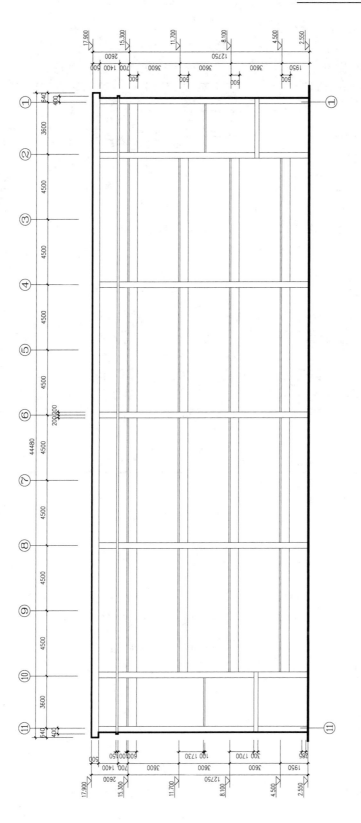

图 6-8　某教学楼的⑪～①轴立面图

绘制教学楼立面图门窗

微课：绘制教学楼
立面图门窗

任务描述

参照如图 6-9 所示的教学楼立面图，按建筑制图国标规定绘制立面门、窗、栏杆等。

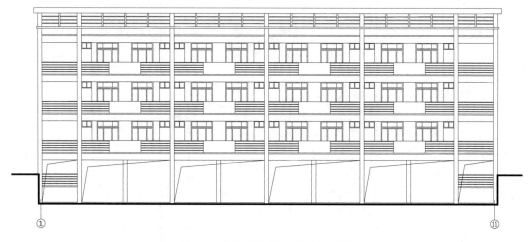

图 6-9　教学楼的①～⑪轴立面图

任务分析

分析外立面的门、窗、栏杆尺寸和位置可知，一层到三层在尺寸和位置上均是一致的，可先绘制完成门窗块并插入相应的位置。在绘制完成一层门窗及栏杆后，再使用复制命令将其复制到其他楼层门窗和栏杆的位置。

分析窗的立面尺寸，绘制内容包括窗框及分割线。

技能准备

1. 绘制门块

参照如图 6-10 所示的门立面大样图，使用直线、矩形、修剪等命令绘制门立面图并制作成块。

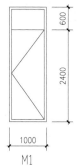

图 6-10　门立面大样图

2. 绘制窗块

参照如图 6-11 所示的窗立面大样图，使用直线、矩形、修剪等命令绘制窗立面图并制作成块。

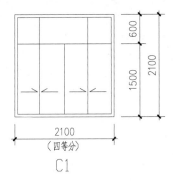

图 6-11 窗立面大样图

任务实施

1. 绘制门、窗

将"门窗"图层设置为当前图层。

1）使用矩形、直线、偏移等命令绘制并创建窗块，根据平面图尺寸偏移轴线定位一层最左侧窗的位置，使用插入块命令插入窗块。

2）使用矩形、直线、偏移等命令绘制并创建门块，根据平面图尺寸偏移轴线定位一层最左侧门的位置，使用插入块命令插入门块。

3）使用镜像命令完成左侧一个房间的立面门窗绘制，使用复制命令完成一层其余房间门窗的绘制，再将一层门窗复制到二层及三层的相应位置，绘制结果如图 6-12 所示。

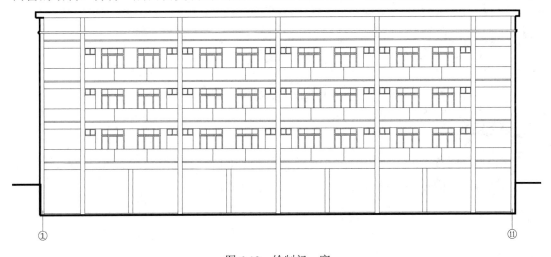

图 6-12 绘制门、窗

2. 绘制栏杆

根据如图 6-13 所示的一层栏杆大样图，使用直线、偏移、复制等命令绘制一层栏杆，然后使用复制命令完成其余楼层栏杆的绘制。

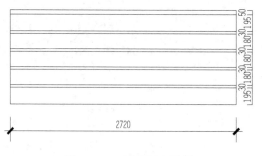

图 6-13 一层栏杆大样图

根据如图 6-14 所示的顶层左边栏杆大样图和图 6-15 所示的顶层中间栏杆大样图，使用直线、偏移、复制等命令绘制顶层栏杆。

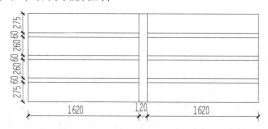

图 6-14 顶层左边栏杆大样图

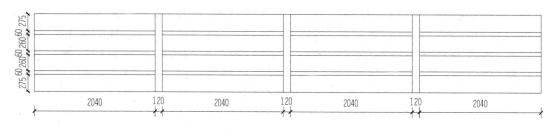

图 6-15 顶层中间栏杆大样图

 任务拓展

在模型空间按 1∶1 的比例，并按建筑制图国标规定绘制教学楼立面图的门窗、柱、檐口及腰线等，如图 6-16 所示。要求投影正确，表达规范。

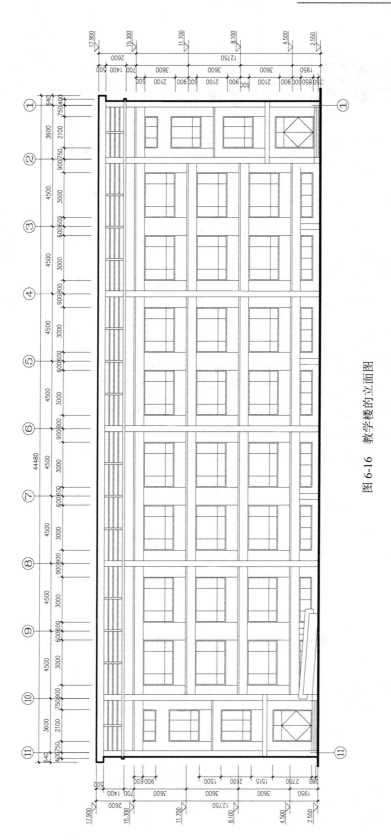

图 6-16 教学楼的立面图

任务 6.3

标注教学楼立面图

任务描述

1）回顾建筑制图国标中与立面标注相关的规定，包括文字、尺寸、标高、轴号等。

2）参照如图 6-17 所示的教学楼立面图，根据建筑制图国标规定，对文字、尺寸、标高、轴号等进行标注。

微课：标注教学楼立面图

任务分析

建筑立面图的文字标注一般包括多行和单行文字标注，在注写过程中需要注意准确描述立面上的装修材料，包括外墙饰面、栏杆等。

建筑立面图的尺寸标注一般包含两道，在进行尺寸标注时通常先使用线性标注命令然后使用连续标注命令完成同一道尺寸的剩余部分的尺寸标注。

注写标高、轴号时，通常先创建标高块、轴号块，然后在相应的区域插入并修改标高块、轴号块。

知识铺垫

1. 标高（立面）

在同一位置需表示几个不同的标高时，标高数字可按照如图 6-18 所示的形式注写。

2. 室内立面索引符号

为了表示室内立面在平面上的位置，应在平面图中使用内视符号注明视点的位置、方向及立面的编号。

立面索引符号由直径为 8～12 的圆构成，使用细实线进行绘制，并以三角形为投影方向。圆内的直线使用细实线进行绘制，在立面索引符号的上半圆内使用字母标识立面，在下半圆内标识图纸所在的位置，如图 6-19 所示。

3. 图名

有定位轴线的建筑物，宜根据两端的定位轴线号编注立面图的名称。无定位轴线的建筑物可按平面图各面的朝向确定名称。

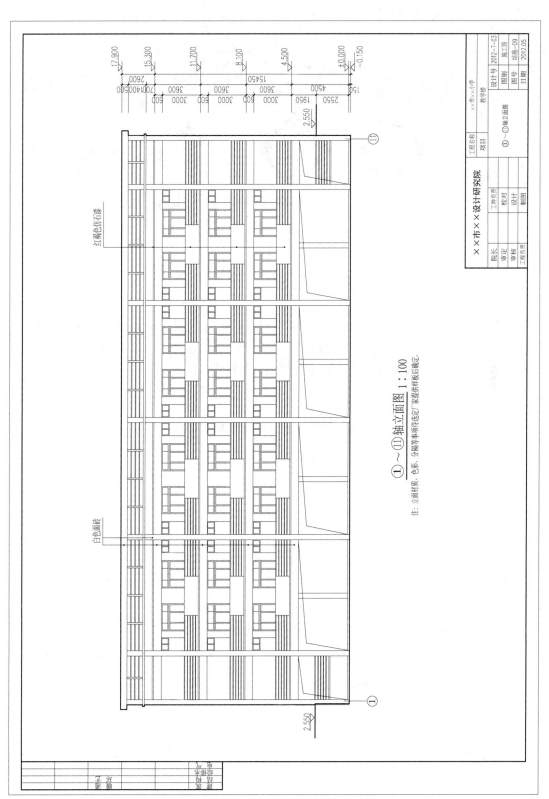

①～⑪轴立面图 1:100

注：立面材质、色彩、分隔等事项待选定厂家提供样板后确定。

图 6-17　教学楼立面图

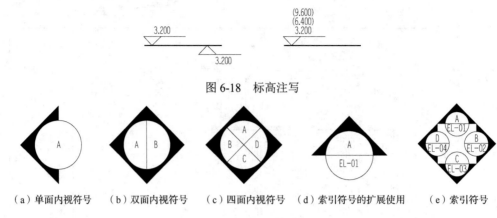

图 6-18　标高注写

（a）单面内视符号　　（b）双面内视符号　　（c）四面内视符号　　（d）索引符号的扩展使用　　（e）索引符号

图 6-19　室内立面索引符号

任务实施

1. 标注尺寸

将"标注"图层设置为当前图层，使用线性标注命令对室内外高度差进行标注，然后使用连续标注命令完成同一道尺寸的剩余部分的尺寸标注，其中需要注意窗套及腰线尺寸应准确标注。重复以上操作完成平面图中其他尺寸的标注。

2. 标注文字

将"文字"图层设置为当前图层，在需要标注说明的位置绘制说明引线。如图 6-20 所示，小圆点的直径为 50，且需要实心填充。

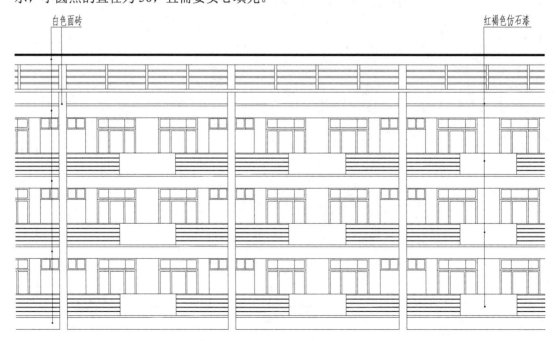

图 6-20　绘制装饰说明

使用单行文字或多行文字命令注写文字，再使用复制命令将文字复制到合适的区域，然后双击进行修改，完成立面图所有文字的注写，其中普通文字的高度为 350，图名字高为 700，比例字高为 500。

3. 绘制标高

将"标注"图层设置为当前图层，使用直线、定义属性等命令绘制标高块，使用插入块命令在平面图中的相应位置插入标高块并正确设置标高数据。

4. 绘制轴号

将"标注"图层设置为当前图层，使用直线、圆、定义属性等命令绘制轴号块，然后使用插入块命令在各轴线端部插入轴号块并设置对应的轴线编号。

5. 绘制图框

将"图框"图层设置为当前图层，按国标规定绘制图框或插入图框块，并调整位置。

🔧 任务拓展

在模型空间按 1∶1 的比例，并按建筑制图国标规定在图 6-17 的基础上进行教学楼南立面图的文字标注、尺寸标注，并绘制标高等，如图 6-21 所示。要求投影正确，表达规范。

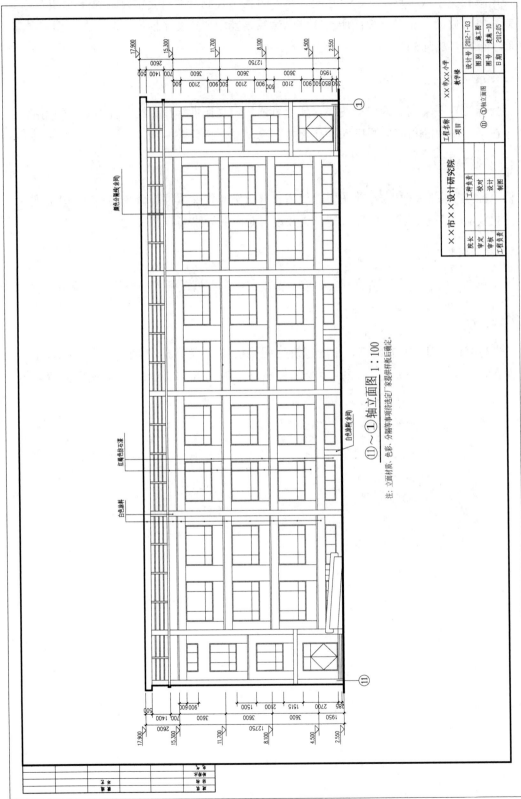

⑪～①轴立面图 1 : 100

注：立面材质、色彩、分隔等事项待定厂家提供样板后确定。

图 6-21 教学楼的南立面图

绘制别墅立面图的轮廓线

任务描述

参照如图 6-22 所示的别墅立面图,按照国标《房屋建筑制图统一标准》(GB/T 50001—2017)中的规定,绘制定位线、外墙轮廓线、室外地坪线等。

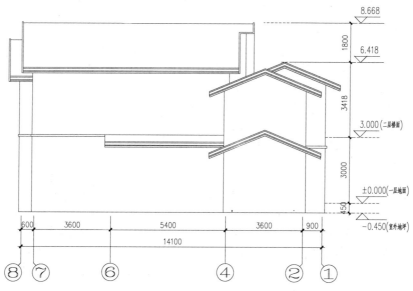

图 6-22　别墅立面图的轮廓线

任务分析

分析轴线距离及标高尺寸数据,使用偏移、修剪等命令绘制建筑物立面图的定位线(作为确定后续墙体和门窗的主要定位依据),包括水平方向和垂直方向的定位轴线。

分析平面图中建筑构件的尺寸大小及位置。

任务实施

1. 设置绘图环境

通常立面图和平面图绘制在同一个文件中,无须再新建,可以直接在已完成的平面图下方绘制建筑立面图。

根据需要增加立面图中用到的图层,如轮廓线、雨水管、填充等,如表 6-2 所示,然后设置相应图层的颜色、线型、线宽等。

表 6-2　图层特性 2

序号	图层	颜色	色号	线型	线宽
1	轮廓线	白色	7	Continuous	默认
2	雨水管	白色	7	Continuous	默认
3	填充	白色	7	Continuous	默认

2. 绘制轴网

将"轴线"图层设置为当前图层，打开正交和对象捕捉模式，使用直线命令绘制两条正交直线，横线长为 14100、竖线长为 8668，结果如图 6-23（a）所示。

使用偏移命令，按图 6-22 所示的轴线距离及楼层标高距离，分别偏移水平轴线和竖直轴线。使用延伸命令将各条轴线端点往两侧分别延伸 1000，绘制结果如图 6-23（b）所示。

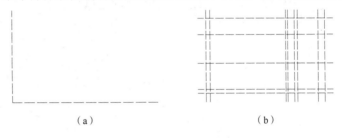

（a）　　　　　　　　　　　　　　　　（b）

图 6-23　绘制的轴网

3. 绘制外轮廓线

1）使用偏移命令将两侧轴线分别向外偏移 120，得到外墙垂直定位线，先将左外墙垂直定位线向外偏移 500，再将左外墙垂直定位线向内偏移 100；将右外墙垂直定位线向外偏移 700，再将右外墙垂直定位线分别向内偏移 200、4000、5440，得到檐口垂直定位线。

2）使用偏移命令，将顶部的水平定位线向下分别偏移 506、780、1800、2100、2327、2727、3098、3398、4900、5138、5706、6198，得到檐口水平定位线（绘制屋檐时坡度为 22°）。

3）将"墙线"图层设置为当前图层，使用直线命令绘制外轮廓线，删除定位线，绘制结果如图 6-24 所示。

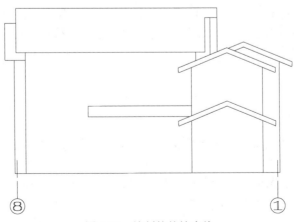

图 6-24　绘制的外轮廓线

4. 绘制檐口线、腰线

将"看线"图层设置为当前图层，使用直线命令绘制檐口线、腰线，绘制结果如图 6-25 所示。

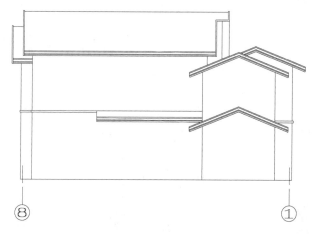

图 6-25　绘制的檐口线、腰线

5. 绘制地坪线

将"墙线"图层设置为当前图层，使用多段线命令，设置线宽为 100，根据图 6-21 所示的尺寸绘制地坪线。

 任务拓展

在模型空间按 1∶1 的比例，并按建筑制图国标规定绘制别墅西立面图的外轮廓、檐口线、腰线及地坪线，如图 6-26 所示。要求投影正确，表达规范。

西立面　1∶100

图 6-26　别墅西立面图

绘制别墅立面图的门窗

任务描述

参照如图 6-27 所示的别墅立面图，并按建筑制图国标规定绘制立面门窗、落水管、烟囱等构件。

图 6-27　别墅立面图的门窗

任务分析

分析别墅外立面的门、窗、落水管、烟囱的尺寸和位置，使用直线、矩形、复制等命令进行绘制。

任务实施

1. 绘制门块

参照如图 6-28 所示的门立面大样图，使用直线、矩形、修剪等命令绘制门立面图并制作成块。

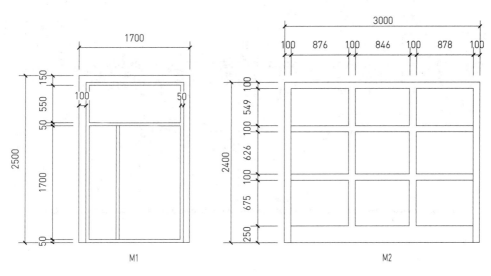

图 6-28　门立面大样图

2. 绘制窗块

参照如图 6-29 所示的窗立面大样图，使用直线、矩形、修剪等命令绘制窗立面图并制作成块。

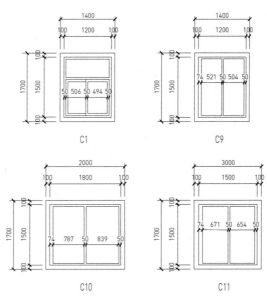

图 6-29　窗立面大样图

3. 绘制门、窗

将"门窗"图层设置为当前图层，偏移轴线确定门窗的位置，插入门窗块，绘制结果如图 6-30 所示。

图 6-30　绘制的门窗

4．绘制落水管

参照如图 6-31 所示的落水管详图，使用直线、偏移、复制等命令绘制落水管，落水管管径为 80。

5．绘制壁炉

参照如图 6-32 所示的壁炉详图，使用直线、矩形、偏移等命令绘制壁炉。

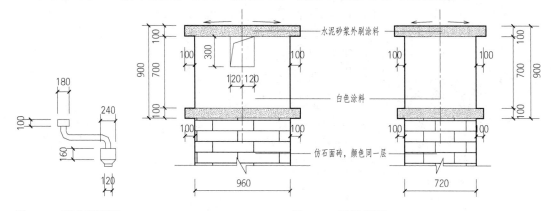

图 6-31　落水管详图　　　　　　　　图 6-32　壁炉详图

6．填充外墙装饰

将"填充"图层设置为当前图层，使用图案填充命令对屋面及烟囱进行填充。烟囱使用"AR-BRSTD"进行图案填充，比例设置为 50；屋顶使用"ANS132"进行图案填充，角度设置为 45°，比例设置为 20；墙体使用"AR-BRSTD"进行图案填充，比例设置为 30。

任务拓展

别墅的东立面图如图 6-33 所示，要求按建筑制图国标规定，结合图 5-27 一层平面图和图 5-42 屋顶平面图抄绘该立面图。

东立面   1 : 100

图 6-33　别墅的东立面图

任务 6.6

标 注 别 墅 立 面 图

任务描述

参照图 6-34，按建筑制图国标规定标注别墅的北立面图。

任务分析

建筑立面图的文字标注一般包括多行和单行文字标注，在注写过程中需要注意准确描述立面上的装修材料，包括外墙饰面、栏杆等。

建筑立面图的尺寸标注一般包含两道，在进行尺寸标注时通常先使用线性标注命令然后使用连续标注命令完成同一道尺寸的剩余部分的尺寸标注。

注写标高、轴号时，通常先创建标高块、轴号块，然后在相应的区域插入并修改标高块、轴号块。

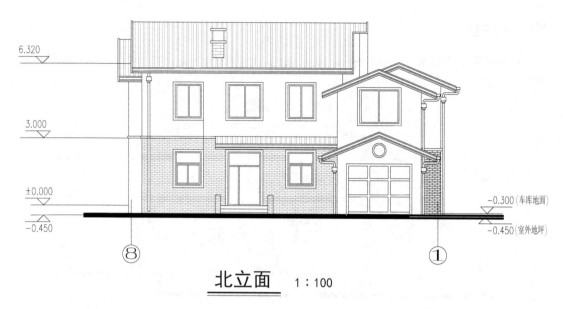

北立面 1：100

图 6-34 别墅的北立面图

任务实施

1. 标注尺寸

将"标注"图层设置为当前图层，使用线性标注命令对室内外高度差进行标注后，使用连续标注命令完成同一道尺寸的剩余部分的尺寸标注，其中需要注意窗套及腰线尺寸应准确标注。重复以上操作完成平面图中其他尺寸的标注。

图 6-35 绘制装饰说明

2. 标注文字

将"文字"图层设置为当前图层，在需要标注说明的位置绘制说明引线。如图 6-35 所示，小圆点的直径为 50，且需实心填充。

使用单行文字或多行文字命令注写文字，再使用复制命令将文字复制到合适的区域，然后双击进行修改，完成立面图所有文字的注写，其中普通文字的高度为 350，图名文字的高度为 700，比例文字的高度为 500。

3. 绘制标高

将"标注"图层设置为当前图层，使用直线、定义属性等命令绘制标高块，使用插入块命令在平面图中的相应位置插入标高块并正确设置标高数据。

4. 绘制轴号

将"标注"图层设置为当前图层，使用直线、圆、定义属性等命令绘制轴号块，然后使用插入块命令在各轴线端部插入轴号块并设置对应的轴线编号。

5. 绘制图框

将"图框"图层设置为当前图层，按国标规定绘制图标或插入图框，并调整位置。

 任务拓展

别墅的南立面图如图 6-36 所示，要求结合一层平面图和屋顶平面图，并按建筑制图国标规定抄绘该立面图。

南立面 1∶100

图 6-36　别墅的南立面图

直 击 工 考

一、选择题（第 1～11 题为 1+X 考证试题，第 12 题为国赛试题）

1. 下列不属于立面图中的内容的是（　　　）。

A．标高　　　　　　B．门窗　　　　　　C．墙面装饰　　　　　D．指北针

2. 在左侧立面图中有剖切位置符号及编号 $\frac{12}{12}$，其对应图为（　　　）。

A．断面图、向左投影　　　　　　　　B．断面图、向右投影

C．断面图、向前投影　　　　　　　　D．断面图、向后投影

3. 建筑立面图要标注（　　　）等内容。

A．详图索引符号　　　　　　　　　　B．入口大门的高度和宽度

C．外墙各主要部位的标高　　　　　　D．建筑物两端的定位轴线及其编号

E．文字说明外墙面装修的材料及其做法

4. 相对标高的零点正确的注写方式为（　　　）。

A．+0.000　　　　B．−0.000　　　　C．±0.000　　　　D．无规定

5. 建筑立面图不能使用（　　）进行命名。

    A．建筑位置　　　　　　　　　　　　B．建筑朝向

    C．建筑外貌特征　　　　　　　　　　D．建筑首尾定位轴线

6. 在建筑立面图中，（　　）是以各立面的朝向来命名的。

    A．正立面图　　　　　　　　　　　　B．0 立面图

    C．10～1 立面图　　　　　　　　　　D．南立面图

7. 建筑立面图的命名方法不包括（　　）。

    A．按房屋材质　　　　　　　　　　　B．按房屋朝向

    C．按轴线编号　　　　　　　　　　　D．按房屋立面主次

8. 详图索引符号中的圆圈直径是（　　）mm。

    A．14　　　　　B．12　　　　　C．10　　　　　D．8

9. 下列（　　）不属于建筑立面图图示的内容。

    A．外墙各主要部位的标高　　　　　　B．详图索引符号

    C．散水构造做法　　　　　　　　　　D．建筑物两端的定位轴线

10. 建筑立面图中的室外地坪使用（　　）来表示。

    A．粗实线　　　　　B．中实线　　　　　C．特粗实线　　　　　D．细实线

11.（多选）建筑正立面图中有索引剖视详图符号，下列叙述正确的是（　　）。

    A．引出线所在的一侧为剖视方向　　　B．剖切位置线所在的一侧应为剖视方向

    C．从下向上投影　　　　　　　　　　D．从上向下投影

12. 关于方格网交叉点标高的 $\dfrac{-0.90 \mid 53.85}{54.75}$ 说法中，正确的是（　　）。

    A．"53.85"为原地面标高　　　　　　B．"54.75"为设计标高

    C．"-0.90"为施工高度　　　　　　　D．"-"表示需填方量

二、操作题（国赛试题）

抄绘、改错、补绘建筑施工图。

本任务可基于样板文件"TASK01.dwt"开始建立新图形文件，并按照需要进行修改，命名为"TASK06.dwg"保存到指定的文件夹中。本任务要求绘制在此.dwg 文件中。

1. 设置绘图环境。

1）绘图环境的设置主要包括：创建图层及设置其线型、文字样式、尺寸样式等。

2）图层至少包括：轴线、墙体、门窗、楼梯踏步、散水坡道、标注、文字、填充等。图层颜色自定，图层线型和线宽应符合建筑制图国标要求。

2. 在模型空间按 1∶1 的比例绘图。

抄绘如图 6-37 所示的南立面图。

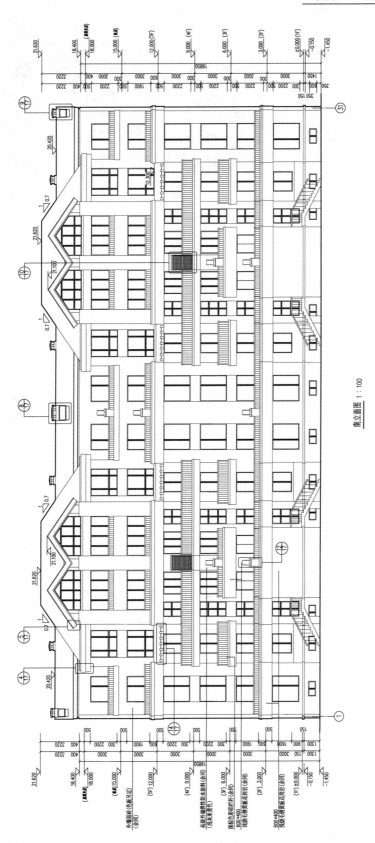

南立面图 1:100

图 6-37 南立面图

7 项目

绘制建筑剖面图

>>>>>

◎ **项目导读**

本项目主要介绍绘制建筑剖面图的定位线、外轮廓线、墙、门窗、楼地板和屋顶、其他建筑构件、尺寸和文字标注等内容。

◎ **学习目标**

知识目标

1）熟悉建筑剖面图的绘制内容。
2）掌握建筑剖面图的绘制方法。
2）掌握建筑剖面图的识读要点。

能力目标

1）能根据建筑平面图和立面图图纸分析建筑剖面图的形成。
2）能正确绘制建筑剖面图。
3）能正确识读建筑剖面图。

素养目标

1）培养认真细致的工作态度和勇于探索的科学精神。
2）树立创新思维、辩证思维，提高分析问题和解决问题的能力。

绘制教学楼剖面图定位线和墙柱

任务描述

1）回顾建筑剖面图的形成过程，分析建筑剖面图的绘图内容。

2）参照如图 7-1 所示的教学楼剖面图，按照国标《房屋建筑制图统一标准》（GB/T 50001—2017）中的规定，在设置绘图环境之后，绘制建筑剖面图的定位线、墙线及柱轮廓线。

微课：绘制教学楼剖面图定位线和墙柱

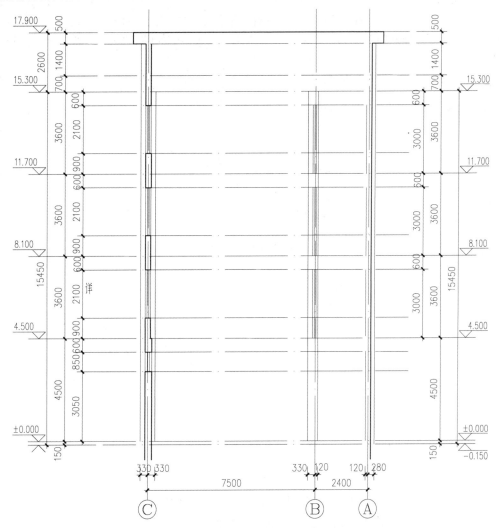

图 7-1　教学楼的定位线和墙柱

🔧 **任务分析**

　　理解建筑剖面图的形成过程，正确识读建筑的结构形式、分层情况、材料做法及建筑垂直方向的高度尺寸等信息。

　　分析建筑平面图的轴线距离及立面图的标高距离，使用偏移、修剪等命令绘制建筑剖面图的定位线，包括垂直方向和水平方向，为后续确定剖面墙体和门窗的位置提供依据。

　　分析剖切关系，被剖切到的建筑构件需要使用粗实线进行绘制，且一般需要进行填充，图层放置在"看线"图层。未被剖切到的轮廓线，一般使用中粗实线进行绘制，并放置在"看线"图层。

📖 **知识铺垫**

1. 建筑剖面图的形成

　　假想使用一个或多个垂直于外墙轴线的铅垂剖切平面剖切房屋，所得的剖面图称为建筑剖面图，简称剖面图，如图 7-2 所示。剖面图的数量根据房屋的具体情况和施工实际需要来确定。其位置应选择能反映出房屋内部构造比较复杂与典型的部位，并应通过门窗洞的位置。

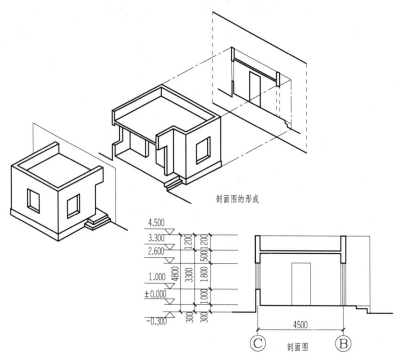

图 7-2　建筑剖面图的形成

2. 建筑剖面图的主要内容

1）图名与比例。剖面图通常使用与平面图相同的比例。
2）房屋内外被剖切到的墙、柱、梁及其定位轴线。

3) 被剖切到的和其他可见的建筑构件，如楼地板、顶棚、门窗、雨篷、室外台阶等。

4) 尺寸、文字标注、标高等。

3. 建筑剖面图的绘图流程

建筑剖面图的绘图流程如下：①设置绘图环境→②绘制定位轴线、墙、柱→③绘制楼板、屋面、梁→④绘制门窗、楼梯等其他建筑构件→⑤标注尺寸、图案填充及说明文字等。

任务实施

1. 设置绘图环境

绘制剖面图时无须再新建文件，可以直接在已完成的平面图、立面图的文件中绘制，从而形成一个完整的建筑施工图文件。

根据需要新增轮廓线、栏杆、填充等图层。

2. 绘制轴线

1) 将"轴线"图层设置为当前图层，打开正交和对象捕捉模式，使用直线命令绘制两条正交直线，横线长为 9900、竖线长为 16000。

2) 使用偏移命令，按如图 7-1 所示的轴线距离及标高数据，分别偏移水平轴线和竖向轴线。使用延伸命令，将各条轴线端点往两侧分别延伸 1000，绘制结果如图 7-3 所示。

3. 绘制外轮廓线及墙线

1) 使用偏移命令，将两侧垂直轴线向外分别偏移 120 和 690，将上部水平方向定位线向下偏移 500，得到外墙及檐口定位线，将外墙线向内偏移 240，得内墙线。

2) 将"墙线"图层设置为当前图层，使用直线命令绘制外轮廓线，绘制结果如图 7-4 所示。

4. 绘制柱

将"柱"图层设置为当前图层，根据相关尺寸偏移轴线，使用直线命令绘制柱看线，绘制结果如图 7-5 所示。

5. 绘制门窗

将"门窗"图层设置为当前图层，根据相关的尺寸数据，使用偏移、直线、修剪等命令绘制门窗洞。使用多线命令绘制窗线，绘制方法与平面图中窗线的绘制方法相同，绘制过程如图 7-6 所示。

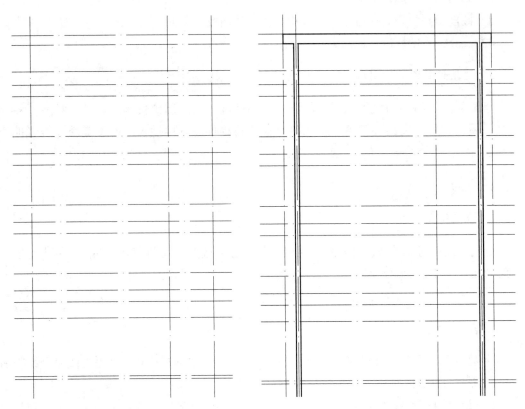

图 7-3　绘制的轴线　　　　　　　　　　　　　　图 7-4　绘制的墙体

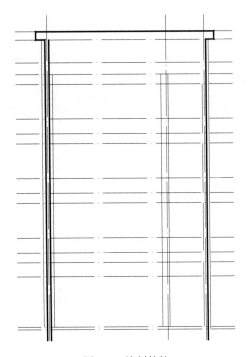

图 7-5　绘制的柱

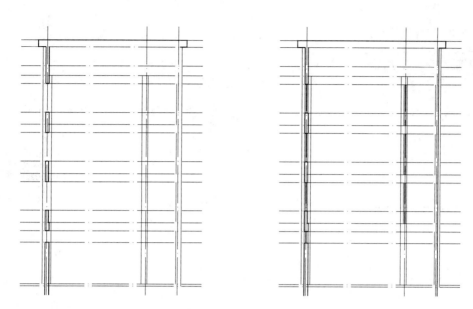

图 7-6 门窗的绘制过程

 任务拓展

参照图 7-7，在模型空间按 1∶1 的比例，并按建筑制图国标规定绘制某厂房剖面图的定位轴线及墙线。要求投影正确，表达规范。

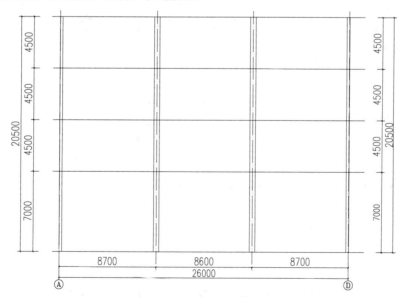

图 7-7 某厂房的定位轴线及墙线

任务 7.2

绘制教学楼剖面图板和梁

🧰 任务描述

参照图 7-8 所示的教学楼剖面图，并按建筑制图国标规定，绘制楼地板、屋面板、梁等水平向构件。

微课：绘制教学楼剖面图板和梁

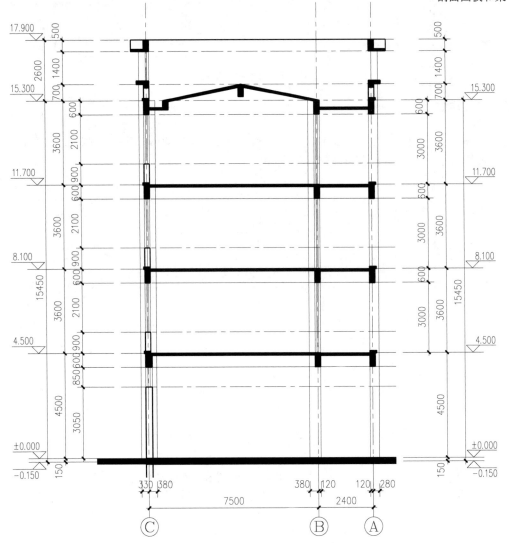

图 7-8　教学楼剖面图

任务分析

分析建筑楼地板的厚度、梁高度和宽度、屋面板的厚度和坡度等，绘制梁、板。因为楼地板、屋面、檐沟、梁均为剖切到的部位，所以均使用粗实线进行绘制。

为了方便绘图，可以将"墙线"图层作为剖到部分的图层。

任务实施

1. 绘制地面

将"墙线"图层设置为当前图层，使用直线命令在室内地面定位线处绘制室内地坪线。

使用偏移命令将室内地坪线向下偏移 250，并使用填充命令进行填充，如图 7-9 所示。

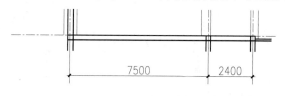

图 7-9 绘制室内地坪线

2. 绘制楼板及梁

使用偏移、直线、修剪等命令绘制楼板及梁，绘制结果如图 7-10 所示。其中，楼板及阳台板的厚度均为 100，且阳台板面低于楼板面 15，左侧边的梁截面尺寸为 300×600，其他梁的截面尺寸为 240×600。

图 7-10 绘制的走廊楼板和梁

使用复制命令，将一层楼板、走廊及梁复制至二、三层相应的位置。使用偏移、修剪等命令将二、三层左侧边的梁宽度修改为 240。

3. 绘制檐沟、屋面板及屋面梁

（1）绘制檐沟

1）使用偏移命令将水平定位线向下偏移 300、400，得到平屋面板；将楼板上边线分别向下偏移 300，向上偏移 400 得到檐口高度。

2）使用偏移命令将墙线向内偏移 600 和 840，得到檐口剖面。

3）使用修剪命令修剪外墙线及檐沟边线得檐沟剖面图，如图 7-11 所示。

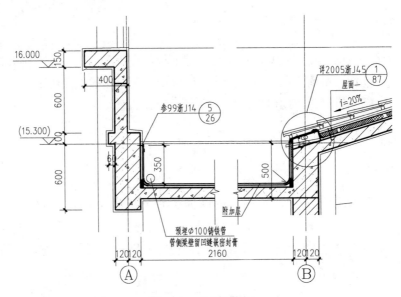

图 7-11　绘制的檐沟

（2）绘制屋面板

将"墙线"图层设置为当前图层，使用偏移命令将 C 轴轴线向内偏移 4200，得到屋脊定位线。

使用直线、偏移、镜像等命令绘制屋面板，其中板厚 100，绘制结果如图 7-12 所示。

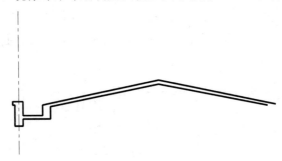

图 7-12　绘制的屋面板

（3）绘制屋面梁

使用偏移、直线、修剪等命令绘制屋面梁，其中阳台梁尺寸为 240×700，边梁尺寸为 240×600，中间屋脊梁尺寸为 240×540，绘制结果如图 7-13 所示。

图 7-13　绘制的屋面梁

任务拓展

在模型空间按 1：1 的比例，并按建筑制图国标规定绘制某厂房剖面图的楼地板、屋面及梁轮廓线，如图 7-14 所示。要求投影正确，表达规范。

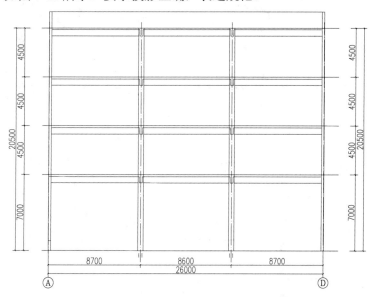

图 7-14　厂房的楼地板、屋面及梁轮廓线

任务 7.3

标注教学楼剖面图

任务描述

参照图 7-15 所示的教学楼剖面图，按建筑制图国标规定标注填充图案、尺寸、文字、标高、坡度等内容。

微课：标注教学楼剖面图

任务分析

在剖面图中，材料图例的表示原则及方法与平面图的处理方法相同。在剖面图中一般不绘制材料图例符号，被剖切平面剖切到的墙、梁、板等轮廓线使用粗实线绘制，被剖切断的钢筋混凝土梁、板需要填充图案。

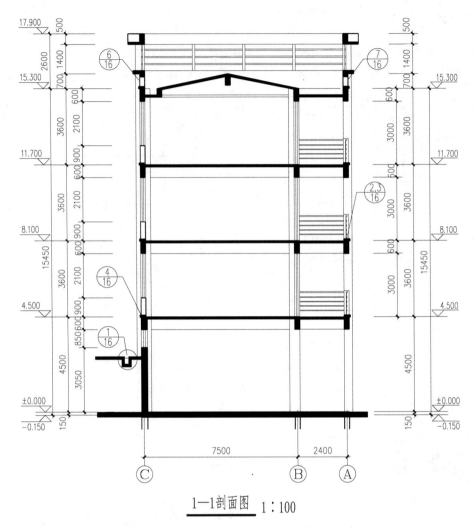

1—1剖面图 1：100

图 7-15　教学楼剖面图

📖 知识铺垫

1. 剖切平面符号

定位轴线圆应使用细实线进行绘制，直径为 8～10，定位轴线圆的圆心，应在定位轴线的延长线上。

1）剖切位置线的长度宜为 6～10，剖视方向线应垂直于剖切位置线，长度应短于剖切位置线，宜为 4～6。剖切符号不应与其他图线相接触。

2）剖切符号的编号宜采用粗阿拉伯数字表示，按剖切顺序由左至右、由下向上连续编排，并应注写在剖视方向线的端部，如图 7-16 所示。

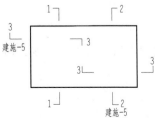

图 7-16　剖视的剖切符号

3）需要转折的剖切位置线，应在转角的外侧加注与该符号相同的编号。

4）断面的剖切符号仅用剖切位置线表示，其编号应注写在剖切位置线的一侧；编号所在的一侧应为该断面的剖视方向，其余与剖视的剖切符号相同。

2. 剖切索引符号

剖切索引符号应由剖切位置线、投射方向线和索引符号组成，如图 7-17 所示。

1）索引符号：由圆圈、水平直径线，以及与圆相切的填充黑色的等腰三角形组成，圆圈直径可选择 8～10，圆和直径线均使用粗实线进行绘制。圆圈内的水平直径线上方为剖切面编号，下方为剖视图所在的图纸编号。

2）剖切位置线：位于图样被剖切部位，使用粗实线进行绘制，长度宜为 8～10。

3）投射方向线：平行于剖切位置线，使用细实线进行绘制，一段与索引符号连接，另一段与剖切位置线平行且长度相等。

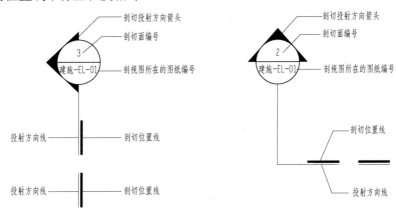

图 7-17　剖切索引符号

🛠 任务实施

1. 绘制栏杆

将"栏杆"图层设置为当前图层，参照图 7-18 所示的檐沟大样图，使用偏移、矩形、直线、修剪等命令绘制栏杆，绘制结果如图 7-19 所示。

2. 填充

将"填充"图层设置为当前图层，使用图案填充命令对楼地板、梁、屋顶等被剖切到的建筑构件进行填充，填充图案为"SOLID"，绘制结果如图 7-20 所示。

3. 标注尺寸、标高

使用线性标注和连续标注命令标注外墙上的细部尺寸、层高尺寸、总高尺寸、轴线间距尺寸、前后墙间的总尺寸、局部尺寸。

使用单行文字命令注写图名及比例后，插入图框块。

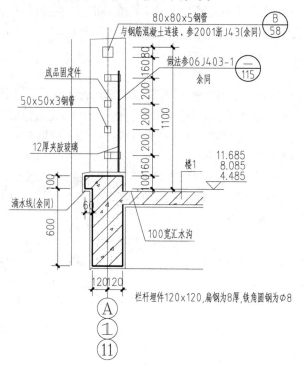

图 7-18　檐沟大样图

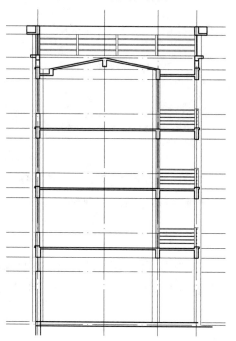

图 7-19　绘制的栏杆

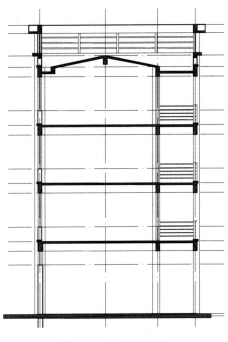

图 7-20　填充剖面图

4. 绘制坡度

将"标注"图层设置为当前图层,使用直线和单行文字命令绘制一个坡度,使用复制和镜像命令完成其余坡度的绘制。

5. 绘制轴号

将"标注"图层设置为当前图层,使用直线、圆、定义属性等命令绘制轴号块,然后使用插入块命令在各轴线端部插入轴号块并设置对应的轴线编号。

 任务拓展

在模型空间按 1∶1 的比例,并按建筑制图国标规定绘制某厂房剖面图的门窗、栏杆线、图案填充、尺寸标注等,如图 7-21 所示。要求投影正确,表达规范。

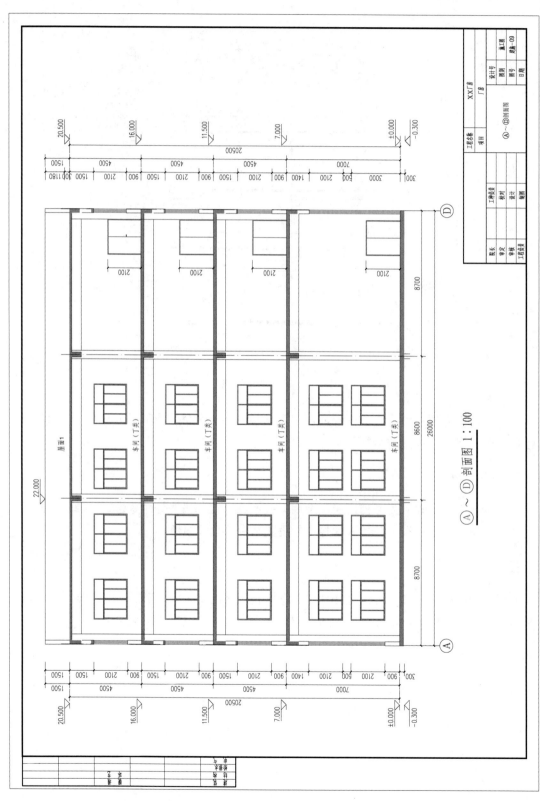

图 7-21 某厂房剖面图

绘制别墅剖面图的墙体及楼地板

任务描述

参照图 7-22 所示的别墅剖面图，并按照国标《房屋建筑制图统一标准》（GB/T 50001—2017）中的规定，绘制定位轴线、墙体、楼地板、门窗等。

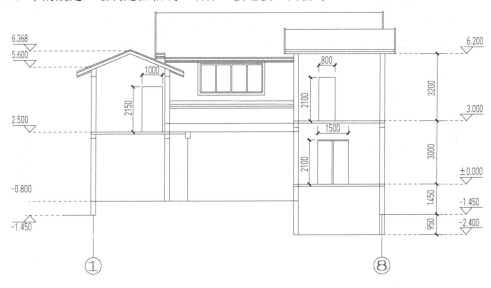

图 7-22　别墅的墙体及楼地板

任务分析

结合别墅的平面图，识读别墅剖面图各结构构件的尺寸及位置关系。

分析剖切关系：图中有墙体、梁、楼地板、门窗、楼梯、落水管等，其中被剖切到的有墙体、地坪线、楼地板、屋面等，未被剖切到的有楼梯、门窗、落水管等。

任务实施

1. 设置绘图环境

通常剖面图与平面图绘制在同一文件中，因此只需要新增部分图层，新增图层的特性如表 7-1 所示。

表 7-1 图层特性

序号	图层	颜色	色号	线型	线宽
1	填充	灰色	8	Continuous	默认
2	梁板	白色	7	Continuous	默认

2. 绘制轴线

将"轴线"图层设置为当前图层，使用直线、偏移、延伸等命令绘制水平方向及垂直方向的定位轴线，绘制结果如图 7-23 所示。

3. 绘制墙体

1）使用偏移命令将最左侧的竖向轴线分别向两侧各偏移 120 得到墙体定位线。

2）将"墙线"图层设置为当前图层，使用多线命令绘制墙线，使用复制命令以轴线端点为基点复制完成其余墙线，绘制结果如图 7-24 所示。

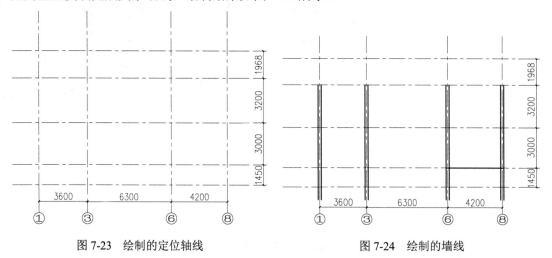

图 7-23 绘制的定位轴线　　　　　　图 7-24 绘制的墙线

4. 绘制楼地板及梁

根据地坪线标高，使用偏移、直线、修剪等命令绘制地坪线。

使用偏移、直线、修剪等命令绘制楼板及梁，其中楼板厚 100，左梁截面尺寸为 240×300，绘制结果如图 7-25 所示。

5. 绘制屋面及屋面梁

将"墙线"图层设置为当前图层，根据图 7-22 中的标高数据，使用直线、偏移、修剪等命令绘制屋顶。

使用偏移、直线、修剪、复制等命令绘制左侧屋面梁，梁截面尺寸为 240×450。绘制结果如图 7-26 所示。

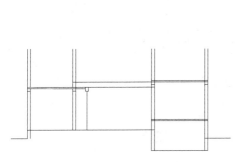 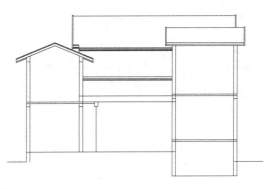

图 7-25　绘制的楼地板及梁　　　　　　　图 7-26　绘制的屋面及屋面梁

6. 绘制门窗

将"门窗"图层设置为当前图层,根据如图 7-27 所示的窗大样图,使用矩形、直线、偏移、修剪等命令绘制门窗,绘制结果如图 7-28 所示。

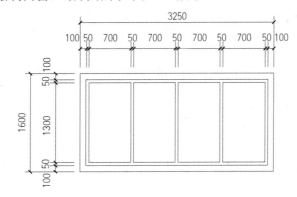

图 7-27　窗大样图

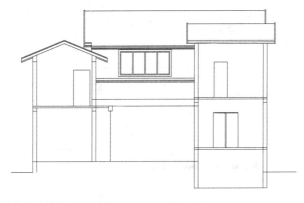

图 7-28　绘制的门窗

 任务拓展

在模型空间按 1∶1 的比例,并按建筑制图国标规定绘制别墅 2—2 剖面图的墙线、楼地板及屋面等,如图 7-29 所示。要求投影正确,表达规范。

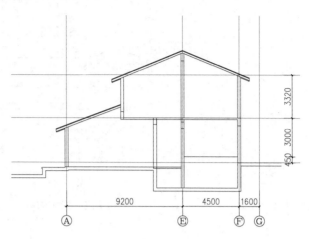

图 7-29 绘制墙线、楼地板及屋面

任务 7.5

绘制别墅剖面图的楼梯及标注

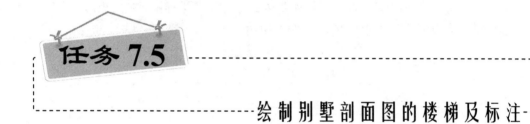

任务描述

参照图 7-30 所示的别墅剖面图，并按建筑制图国标规定，绘制楼梯并标注尺寸及符号等。

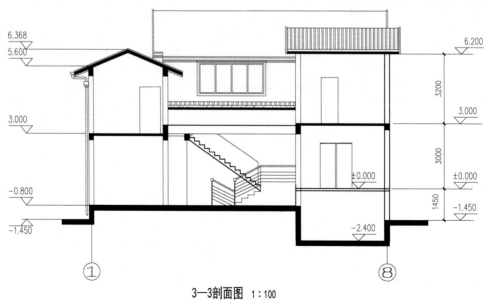

3—3剖面图 1:100

图 7-30 绘制楼梯、标注及填充

任务分析

1）分析楼梯的立面画法，绘制未被剖切到的楼梯及扶手，并将剖切到的结构构件进行图案填充。

2）分析图7-30的尺寸及标高，并按国标进行标注。

技能准备

绘制楼梯段、栏杆和扶手的方法如下。

1）绘制楼梯踏步：使用多段线命令绘制第一跑踏步，第一跑踏步尺寸为300×200，共5级，绘制完成后使用复制命令完成其余踏步的绘制。

2）绘制梯段板：使用直线命令绘制梯段板，梯段板的宽度为1680。

3）绘制扶手：使用矩形、直线、偏移等命令绘制栏杆及扶手，扶手高度为1050，绘制过程如图7-31所示。

4）第二跑踏步的尺寸为240×167，共15级，绘制过程同第一跑踏步。

5）将绘制的楼梯创建为块。

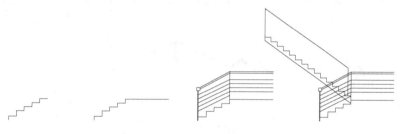

图7-31 绘制楼梯

任务实施

1. 插入楼梯

将"楼梯"图层设置为当前图层，根据楼梯平台板的标高找到其与墙线的交点，使用插入块命令在相应的位置插入楼梯块，并使用分解、修剪命令修剪被挡住的部分，绘制结果如图7-32所示。

2. 填充图案

别墅剖面图的图案填充与教学楼剖面图的图案填充方法相同，这里不再赘述。

分别选择地面、楼面、屋面等构件区域的内部，使用"SOLID"图案进行填充，结果如图7-33所示。

3. 标注尺寸、标高

使用线性标注和连续标注命令标注外墙上的细部尺寸、层高尺寸、总高尺寸、轴线间距尺寸、前后墙间的总尺寸、局部尺寸。

使用单行文字命令注定图名及比例后，插入图框块，绘制结果如图 7-30 所示。

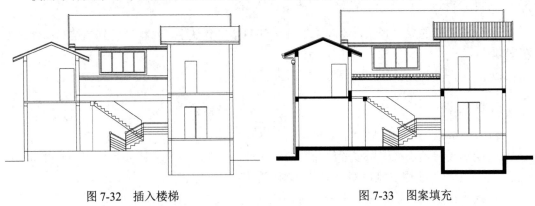

图 7-32　插入楼梯　　　　　　　　图 7-33　图案填充

🔧 **任务拓展**

在模型空间按 1∶1 的比例，并按建筑制图国标规定绘制别墅 2—2 剖面图的门窗、楼梯、尺寸标注及符号等，如图 7-34 所示。要求投影正确，表达规范。

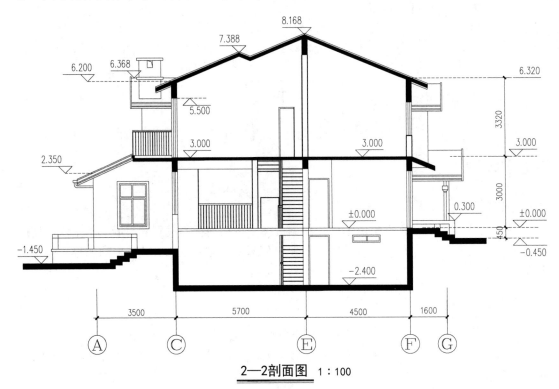

2—2剖面图 1∶100

图 7-34　别墅的 2—2 剖面图

直 击 工 考

一、选择题（1+X 考证试题）

1. 如图 7-35 所示，下列说法正确的有（　　）。

    A. 该屋面的坡度为 1∶2

    B. 顶层的层高为 2.94m

    C. 窗台的高度为 0.94m

    D. 屋盖结构板厚 100

    E. 檐沟出挑 500

2. 下列描述建筑剖面图的说法中正确的是（　　）。

    A. 是房屋的水平投影

    B. 是房屋的水平剖面图

    C. 是房屋的垂直剖面图

    D. 是房屋的垂直投影图

3. 沿一定方向将建筑物剖切后，在绘制建筑物剖面图时，剖切到的部位可以不绘制的是（　　）。

    A. 墙体　　　　　　　　　　B. 门窗

    C. 屋顶　　　　　　　　　　D. 基础

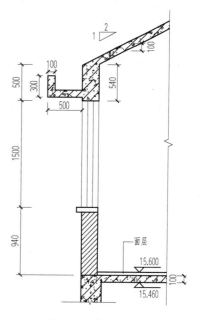

图 7-35　檐口剖面图

4. 建筑剖面图所表达的内容是（　　）。

    A. 各层梁板、楼梯、屋面的结构形式、位置

    B. 楼面、阳台、楼梯平台的标高

    C. 外墙表面装修的做法

    D. 门窗洞口、窗间墙等的高度尺寸

5.（多选）建筑剖面图的剖切符号中的数字表示（　　）。

    A. 剖面图编号　　　B. 投影方向　　　C. 轴线编号　　　D. 图纸编号

二、操作题（国赛试题）

任务 3——楼梯设计。（240 分）

本任务可基于样板文件"TASK01.dwt"开始建立新图形文件，并按照需要进行修改，将其命名为"TASK03.dwg"并保存到指定的文件夹中。

1. 设计条件。

某局部 5 层旅馆使用敞开式自然采光楼梯间，楼梯间的平面图如图 7-36 和图 7-37 所示。已知采用现浇钢筋混凝土双合板式楼梯，梯板与平台板厚均为 100；框架梁梁高 500，平台梁梁高 350，梁宽同墙厚；首层层高为 3.2m，二至四层层高均为 3m，楼梯间顶层层高为 2.9m，楼梯间顶层通至上人屋面。窗台距楼层线 600；楼梯间屋顶的女儿墙高为 600，厚同墙厚，压顶厚 80，各边挑出墙面 80。

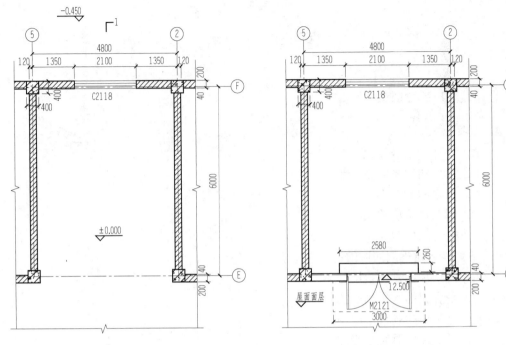

图 7-36　楼梯间的底层平面图　　　　　　图 7-37　楼梯间的顶层平面图

2．绘图要求。

1）绘制该楼梯间的大样图：包括平面图和 1—1 剖面图，出图比例为 1∶50（不考虑面层，单线简画栏杆扶手）。

2）绘制如图 7-38 所示的楼梯栏杆详图，出图比例为 1∶20 和 1∶10。

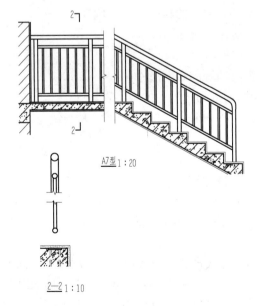

图 7-38　楼梯栏杆详图

项目 8 绘制建筑结构平法施工图

>>>>

◎ **项目导读**

　　本项目通过某小学柱、梁、板结构平面图的绘制，详细介绍绘图环境的设置，各承重构件的形状、大小、构造、钢筋、钢筋标注、标高的绘制，以及文字书写等内容。

◎ **学习目标**

知识目标

　　1）掌握 AutoCAD 二维平面绘图、图形编辑、尺寸标注、文字注写、图层管理、图纸输出等操作方法。

　　2）掌握结构平面图的绘图方法。

能力目标

　　1）能正确识读平法施工图纸。

　　2）能绘制建筑结构平面图。

素养目标

　　1）强化规范意识、质量意识、效率意识，培养规范、精确、高效的制图素养。

　　2）培养团队意识、责任意识，增强沟通能力和问题分析能力。

绘制结构柱平法施工图

任务描述

1）回顾房屋结构施工图的分类及基本组成，分析结构平面图的绘图流程。

2）参照如图 8-1 所示的柱平法施工图，并按照国标《房屋建筑制图统一标准》（GB/T 50001—2017）中的规定，设置绘图图层等绘图环境，并绘制教学楼柱平法施工图。

微课：绘制结构柱平法施工图

任务分析

回顾建筑结构施工图的分类及主要组成内容，正确识读建筑结构平面图。添加柱标注、柱钢筋标注、柱纵筋、柱箍筋等图层。

分析结构平面图中柱的位置、尺寸信息，绘制柱的轮廓图形；分析柱的配筋情况，绘制柱纵筋及钢筋，并进行截面注写。

技能准备

绘制柱配筋详图方式如下。

1）使用矩形命令绘制柱轮廓图。

2）使用多段线命令，设置宽度为 70，根据柱子截面箍筋的位置，绘制柱箍筋，箍筋距离柱子轮廓线 125。

3）使用圆命令绘制柱纵筋，设置直径为 70 并填充。

4）使用单行文字命令，设置文字高度为 300，标注出柱 6 个位置的钢筋信息，绘制结果如图 8-2 所示。

知识铺垫

1. 结构施工图的基本组成

结构施工图的基本组成包括：图纸目录、结构设计总说明、结构平法施工图和结构详图。结构平法施工图一般包括基础、柱、梁、板和楼梯平法施工图。

2. 注写方式

柱平法施工图，是指在柱平面布置图上采用列表注写方式或截面注写方式来表达现浇钢筋混凝土柱的施工图，一般采用截面注写方式。

截面注写方式，是指在框架柱平面布置图上，在相同名称的柱中任选一根，采用适当比例原位放大绘制，并注写截面尺寸和配筋数值的方式。其示例如表 8-1 所示。

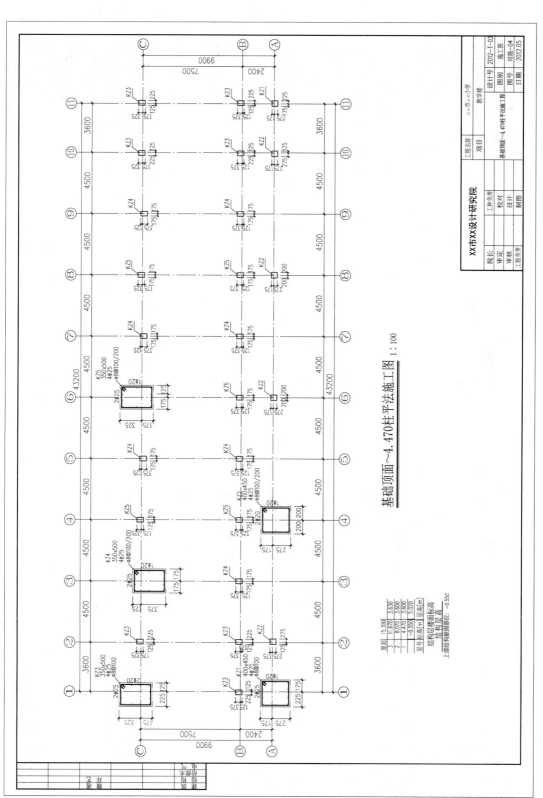

基础顶面～4.470柱平法施工图 1:100

图 8-1　教学楼基础顶面～4.470柱平法施工图

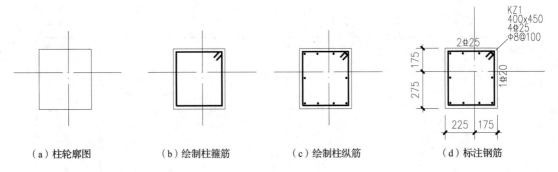

（a）柱轮廓图　　　　　（b）绘制柱箍筋　　　　　（c）绘制柱纵筋　　　　　（d）标注钢筋

图 8-2　绘制柱配筋详图

表 8-1　柱截面表示方式

表示方法	图例	说明
截面 注写方式	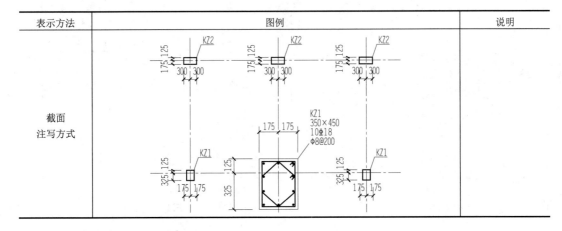	

3. 钢筋数值的表示方法

在配筋详图中，柱子的纵筋和箍筋表示的含义，具体如表 8-2 所示。

表 8-2　钢筋尺寸标注表示内容

钢筋尺寸标注表示内容	示例	示例表示内容
纵筋标注钢筋根数、强度等级和直径	如 4Φ25	4 表示钢筋根数（4 根）
		Φ 为三级钢筋符号
		25 表示钢筋直径（25mm）
箍筋标注钢筋的强度等级、直径和相邻钢筋中心距	如 Φ8@100	Φ 为一级钢筋符号
		8 表示钢筋直径（8mm）
		@表示相等中心距符号
		100 表示相邻钢筋中心距（<100mm）
	如 Φ8@100/200	100/200 表示相邻钢筋中心距加密区（<100mm），非加密区（<200mm）

4. 柱平法施工图的绘图流程

柱平法施工图的绘图流程如下：①打开建筑平面图→②设置绘图环境→③绘制结构轮廓→④绘制结构配筋图→⑤标注结构施工图→⑥组图。

⚙️ **任务实施**

1. 整理图形

考虑到柱平法施工图和自行车库平面图（见配套的教学资源包）的定位轴线、尺寸标注、柱子基本相同，因此可以直接以其为基础，整理后绘制柱平法施工图。

1）打开"自行车库平面图.dwg"，将其另存为"基础顶面～4.470柱平法施工图"。

2）清理图形：关闭轴线、轴线标注、轴线名称、柱子图层等需要保留的图层，删除其余图层中的内容。图形整理的结果如图8-3所示。

2. 添加图层

添加柱尺寸标注、柱详图尺寸标注、柱钢筋标注、柱纵筋和柱箍筋等图层，图层特性如表8-3所示。

3. 绘制柱配筋详图

1）使用缩放命令，以轴线交点为中心，将Z1柱子轮廓图形放大5倍。

2）分析柱配筋情况，使用多段线、圆、填充等命令绘制柱（Z1）箍筋及纵筋。

3）重复以上操作绘制Z2～Z5的柱钢筋，局部绘制结果如图8-4所示。

4. 绘制柱子尺寸并标注名称

1）新建名为"柱子标注"的标注样式，设置"主单位"选项卡中的"测量单位比例"为0.2，并将该标注样式设置为当前，使用线性标注命令标注柱截面尺寸。

2）选择"柱钢筋标注"图层，使用单行文字命令设置文字高度为300，注写柱子编号。使用复制命令完成其余柱子的尺寸及编号标注，局部绘制结果如图8-5所示。

5. 绘制结构层高表

1）将0图层设置为当前图层，使用直线和偏移命令绘制出层高表轮廓。

2）使用单行文字命令，字高350，标注层高表的各层数据。绘制结果如图8-6所示。

6. 组图

使用单行文字命令注写图名及比例后，插入图框块，绘制结果如图8-1所示。

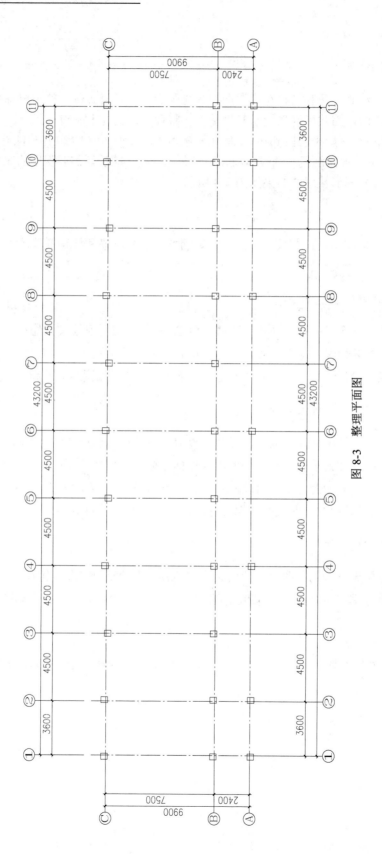

图 8-3 整理平面图

表 8-3   图层特性

序号	图层	颜色	色号	线型	线宽
1	柱尺寸标注	绿色	3	Continuous	默认
2	柱详图尺寸标注	绿色	3	Continuous	默认
3	柱钢筋标注	白色	7	Continuous	默认
4	柱纵筋	红色	1	Continuous	默认
5	柱箍筋	红色	1	Continuous	默认

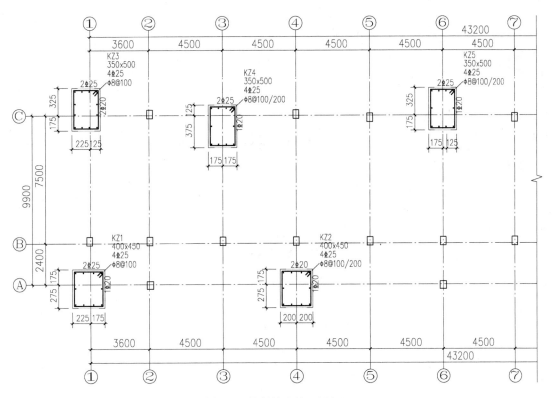

图 8-4   绘制的配筋（局部）

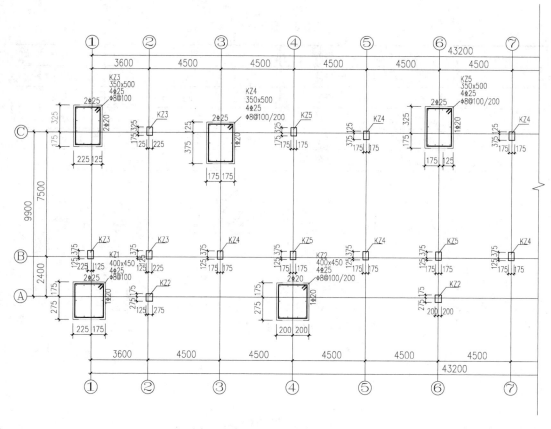

图 8-5　标注尺寸及名称（局部）

屋面	15.300	
3	11.670	3.630
2	8.070	3.600
1	4.470	3.600
	-0.550	5.020
层号	标高（m）	层高（m）

结构层楼面标高
结构层高

上部结构嵌固部位：-0.550

图 8-6　结构层高表

 任务拓展

参照图 8-7，并按建筑制图国标规定绘制教学楼 4.470～11.670 柱平法施工图，注意其与基础～4.470 的柱平法图的主要区别在于柱子尺寸的大小和配筋情况。

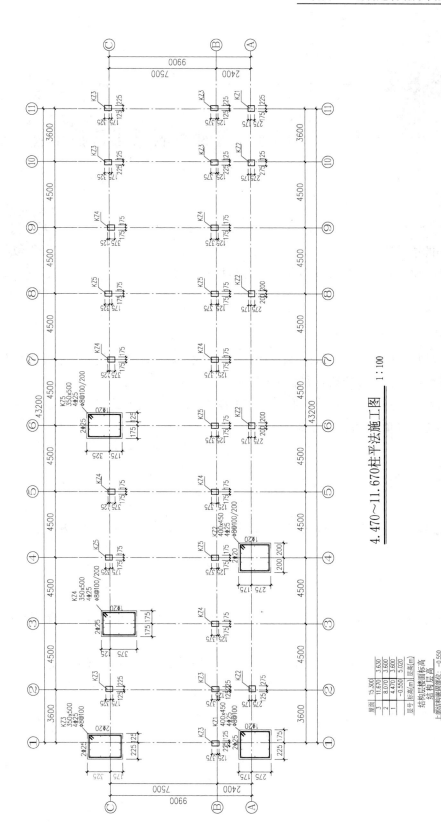

4.470~11.670柱平法施工图　1:100

图 8-7　教学楼 4.470~11.670 柱平法施工图

任务 8.2

绘制结构梁平法施工图

 任务描述

1）回顾梁平法施工图、梁的编号、梁标注符号的表示等内容，分析梁平法施工图的绘图流程。

2）参照图 8-8，按建筑制图国标规定，设置图层等绘图环境，绘制教学楼梁平法施工图。

微课：绘制结构梁平法施工图

任务分析

绘制梁平法施工图时，可以从相对简单的 4.470 梁平法施工图开始，其余各层在本图的基础上复制修改或按本图的绘制方法修改即可。

识读梁平法施工图的设计尺寸、形状和材料等参数，需注意的是同一编号的梁只需注写梁编号，不必再重复详细注写。

知识铺垫

1. 梁平法表示

梁的平面表示法是指在梁平面布置图上，分别在不同编号的梁中各选一根梁，在其上面注写截面尺寸和配筋等具体数值。

2. 梁标注

梁平法施工图中通常采用平面注写方式或截面注写方式表达梁的尺寸、配筋等相关信息。

梁的平面注写方式包括集中标注和原位标注。一根梁上使用引线引出标注的部分为集中标注，在梁边标注的为原位标注，如图 8-9 所示。

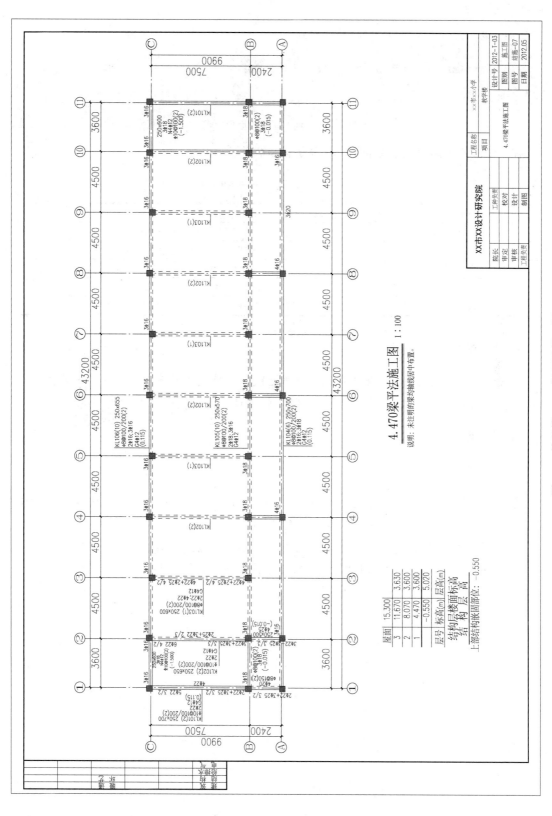

图 8-8　教学楼 4.470 梁平法施工图

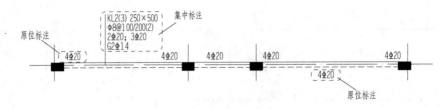

图 8-9　梁的集中标注和原位标注

在梁平法施工图中，常见的符号解释如表 8-4 所示。

表 8-4　框架梁标注的形式和内容

内容（示例）	表达的意思
KL101(2)250×700	梁的编号（跨数）截面宽×截面高
Φ10@100/200(2)	箍筋直径、加密区间距、非加密区直径（箍筋肢数）
2Φ22	钢筋根数、钢筋级别、钢筋直径
G4 Φ12	梁侧面纵向构造钢筋根数、直径
（0.015）	梁顶标高与结构层标高的差值，负号表示低于结构层标高

3．梁平法施工图的绘图流程

梁平法施工图的绘图流程如下：①打开平面图→②整理图形→③添加图层→④绘制梁虚线→⑤绘制梁实线→⑥添加梁的标注→⑦绘制结构层高表、图名、比例等信息。

⚙ 任务实施

1．整理图形

考虑到 4.470 梁平法施工图和一层平面图的定位轴线、尺寸标注、柱子基本相同，因此可以直接以其为基础，整理后绘制梁平法施工图。

1）打开"一层建筑平面图.dwg"，将其另存为"4.470 梁平法施工图"。

2）清理图形：关闭轴线、轴线标注、轴线名称、柱子图层等需要保留的图层，删除其余图层中的内容。图形整理的结果如图 8-10 所示。

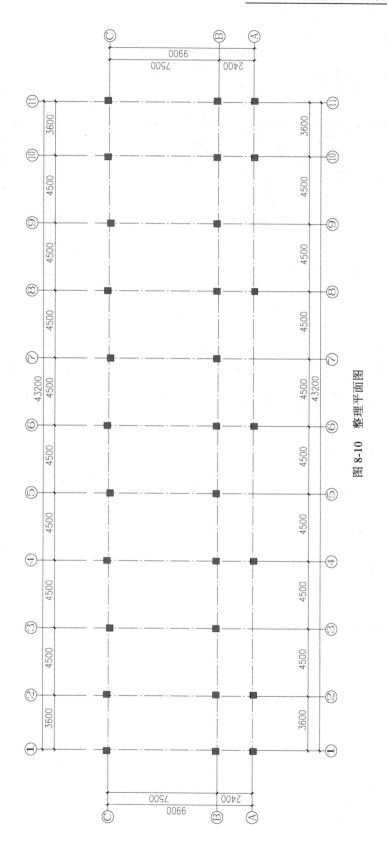

图 8-10　整理平面图

2. 添加图层

添加梁实线、梁虚线、梁水平标注、梁垂直标注等图层，图层特性如表 8-5 所示。

表 8-5　梁图层列表

序号	图层	颜色	色号	线型	线宽
1	梁实线	青色	4	Continuous	0.35
2	梁虚线	青色	4	Dashed	0.35
3	梁水平标注	黄色	2	Continuous	默认
4	梁垂直标注	黄色	2	Continuous	默认

3. 绘制梁线部分

1）将"梁实线"图层设置为当前图层，使用偏移、直线、修剪等命令绘制梁实线的部分。

2）将"梁虚线"图层设置为当前图层，使用直线、偏移或复制等命令绘制梁虚线的部分，局部绘制结果如图 8-11 所示。

4. 添加梁水平标注

选择"梁水平标注"图层，使用单行文字命令根据图纸内容添加水平标注，标注结果如图 8-12 所示。

5. 添加梁垂直标注

选择"梁垂直标注"图层，使用单行文字命令根据图纸内容添加垂直标注，局部标注结果如图 8-13 所示。

6. 绘制结构层高表

参考任务 8.1 中的相关步骤绘制结构层高表。

7. 组图

使用单行文字命令注写图名及比例后，插入图框块，绘制结果如图 8-8 所示。

任务拓展

参照图 8-14，并按建筑制图国标规定绘制教学楼 8.070～11.670 梁平法施工图，注意其与 4.470 梁平法施工图的主要区别在于梁的水平标注及垂直标注情况。

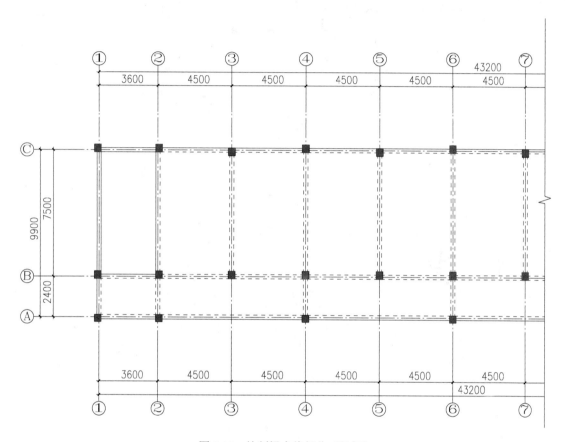

图 8-11　绘制梁虚线部分（局部）

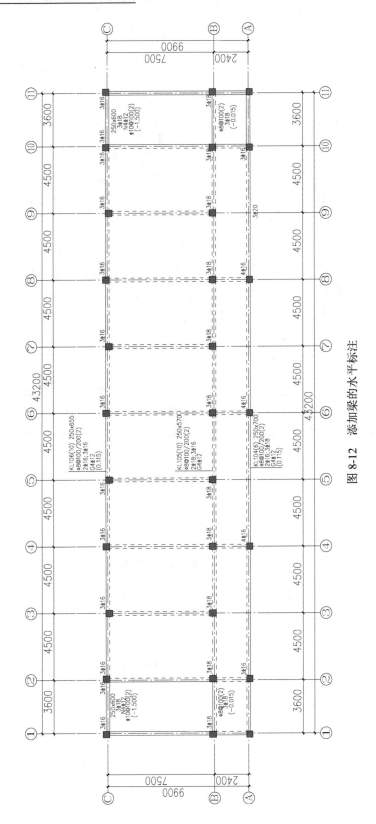

图 8-12　添加梁的水平标注

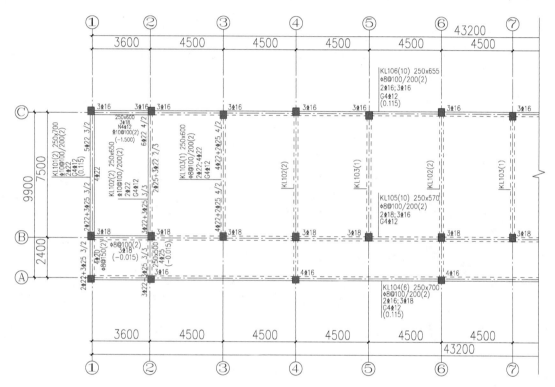

图 8-13 添加梁的垂直标注（局部）

建筑 CAD 项目教程（微课版）

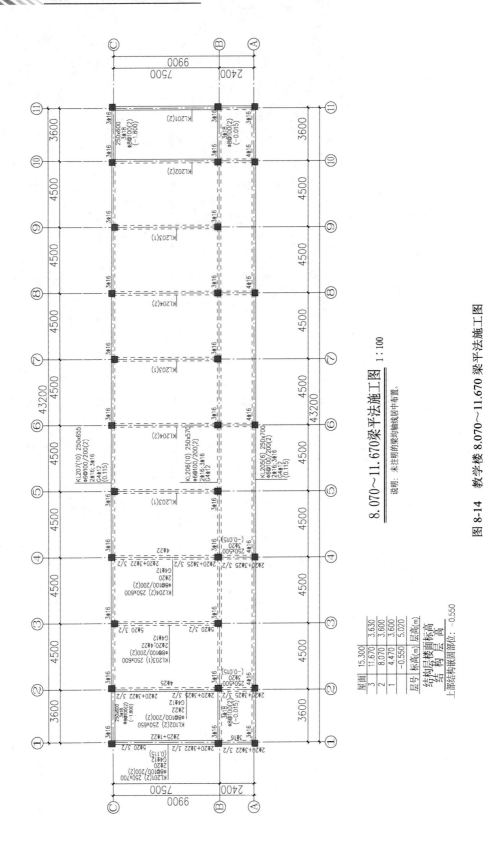

图 8-14 教学楼 8.070～11.670 梁平法施工图

238

绘 制 结 构 板 平 法 施 工 图

任务描述

1）回顾板平法施工图的组成、注写内容及方法，分析板平法施工图的绘图流程。

2）参照图 8-15，并按建筑制图国标规定，设置图层等绘图环境，绘制教学楼板平法施工图。

微课：绘制结构板平法施工图

任务分析

识读板平法施工图中的板块编号、厚度、贯通钢筋等参数，需注意的是，相同编号的板块可以选择其一进行集中标注，其他仅注写置于圆圈内的板编号，以及当板面标高不同时的标高高差。

技能准备

绘制板编号。使用圆命令绘制直径为 800 的板编号圆圈；使用单行文字命令在圆圈中心注写板编号，字高为 250，绘制完成后创建为块 。

知识铺垫

1. 板平法施工图

板平法施工图中常采用平面注写方式表达板的尺寸、配筋等相关信息，楼（屋）面板平法施工图上的平面标注主要有板集中标注和板支座原位标注。

1）板集中标注主要包括板块编号、板厚、贯通钢筋，以及当板面高度不同时的标高高差。板集中标注的内容如表 8-6 所示。

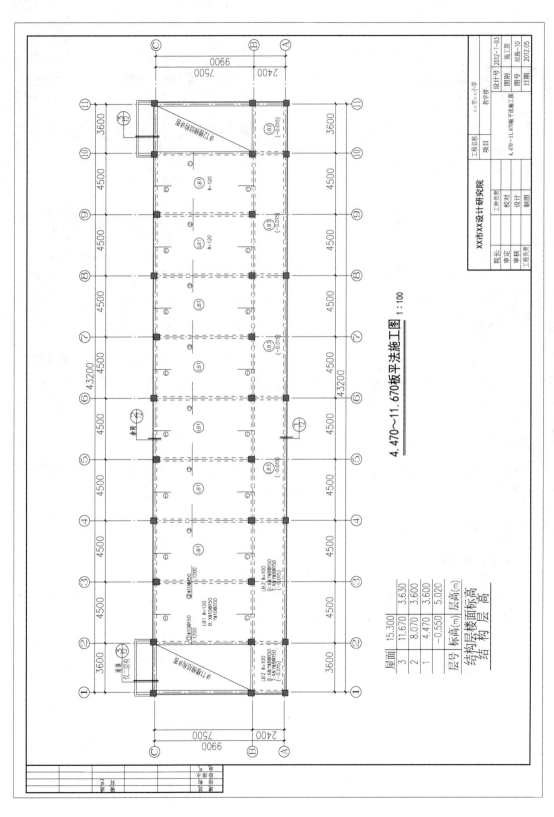

图 8-15 教学楼 4.470～11.670 板平法施工图

表 8-6　板集中标注的内容

标注内容	内容示例	表达的意思
板块编号	LB1	板的类型及编号 板的类型代号：楼面板——LB，屋面板——WB，悬挑板——XB
板厚	$h=120$	板的厚度，单位为 mm
贯通钢筋	B:X&Y⏀8@150	板的下部配置的垂直和水平两个方向的贯通钢筋
贯通钢筋	B:X⏀10@150 Y⏀10@200	板的下部配置的钢筋直径或间距不同时，垂直和水平两个方向的贯通钢筋
贯通钢筋	T:X&Y⏀8@150	板的上部配置的垂直和水平两个方向的贯通钢筋
贯通钢筋	T:X⏀10@150 Y⏀10@200	板的上部配置的钢筋直径或间距不同时，垂直和水平两个方向的贯通钢筋
板面标高高差	(−0.015)	板顶标高与结构层标高的差值，负号表示低于结构层标高

2）板支座原位柱注的内容为，板支座上部非贯通纵筋。板支座原位标注的内容如表 8-7 所示。

表 8-7　板支座原位标注的内容

类别	板钢筋图形	原位标注的内容	原位标注的制图规则
1	① ⏀10@150　1200	① ⏀10@150	①号支座非贯通钢筋的钢筋级别+钢筋直径+钢筋间距，水平方向和垂直方向表示的意思一样
1		1200	钢筋自梁中心线伸出的长度，单位为 mm
2	② ⏀10@150　1200	② ⏀10@150	②号支座非贯通钢筋的钢筋级别+钢筋直径+钢筋间距，水平方向和垂直方向表示的意思一样
2		1200	钢筋自梁中心线向两边每边各伸出的长度，单位为 mm

2. 板平法施工图的绘图流程

板平法施工图的绘图流程如下：①整理图形→②添加图层→③绘制板外轮廓的辅助线→④绘制索引符号→⑤绘制板支座钢筋→⑥添加钢筋标注→⑦绘制结构层高表、图名、比例等信息。

任务实施

1. 整理图形

考虑到 4.470～11.670 板平法施工图和 4.470 梁平法施工图的定位轴线、尺寸标注、柱子、梁基本相同，因此可以直接以其为基础，整理后绘制板平法施工图。

1）打开 "4.470 梁平法施工图.dwg"，并将其另存为 "4.470～11.670 板平法施工图"。

2）清理图形：关闭轴线、轴线标注、轴线名称、图案填充、柱子、梁实线、梁虚线等需要保留的图层，删除其余图层中的内容。图形整理的结果如图 8-16 所示。

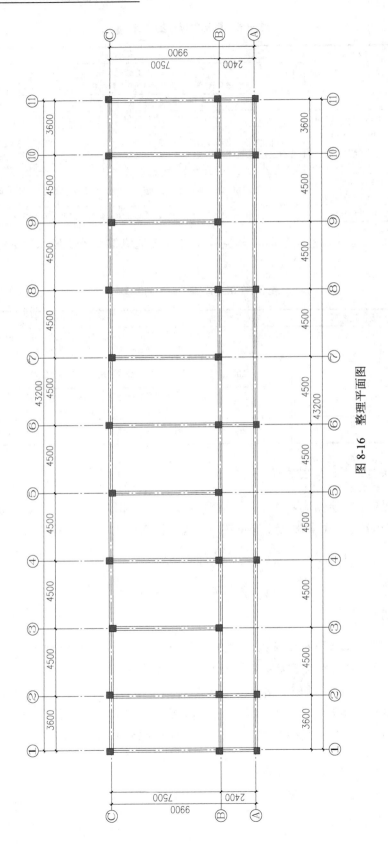

图 8-16 整理平面图

2. 添加图层

添加板支座钢筋、外轮廓辅助线、板配筋标注、索引符号等图层，图层特性如表 8-8 所示。

表 8-8　板图层列表

序号	图层	颜色	色号	线型	线宽
1	板支座钢筋	红色	1	Continuous	默认
2	外轮廓辅助线	白色	7	Continuous	默认
3	板配筋标注	黄色	1	Continuous	默认
4	索引符号	绿色	3	Continuous	默认

3. 绘制板外轮廓辅助线

将"外轮廓辅助线"图层设置为当前图层，使用直线或偏移命令绘制突出构造、雨篷等外轮廓辅助线部分，局部结果如图 8-17 所示。

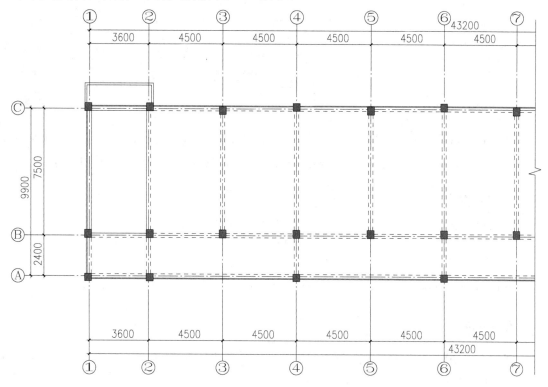

图 8-17　绘制板外轮廓辅助线（局部）

4. 绘制板支座钢筋

将"板支座钢筋"图层设置为当前图层，使用直线命令绘制板支座钢筋部分，垂直于板支座绘制一定长度的中粗实线，本任务中的板支座钢筋长 1200，局部结果如图 8-18 所示。

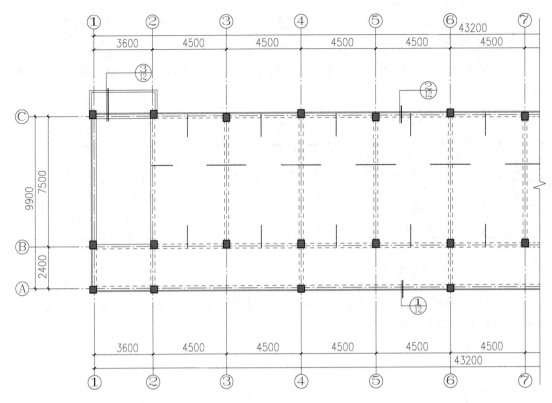

图 8-18 绘制板支座钢筋（局部）

5. 添加钢筋标注

将"钢筋标注"图层设置为当前图层，使用插入块命令插入板编号块，并设置相应的编号。使用单行文字命令进行板集中标注及原位标注，局部绘制结果如图 8-19 所示。

6. 绘制结构层标高

参考任务 8.1 中的相关步骤绘制结构层高表，这里不再赘述。

7. 组图

使用单行文字命令注写图名及比例后，插入图框块，绘制结果如图 8-15 所示。

🔧 **任务拓展**

参照图 8-20，并按建筑制图国标规定绘制教学楼 15.300 板平法施工图。提示：可以 4.470～11.670 板平法施工图为基础进行绘制。

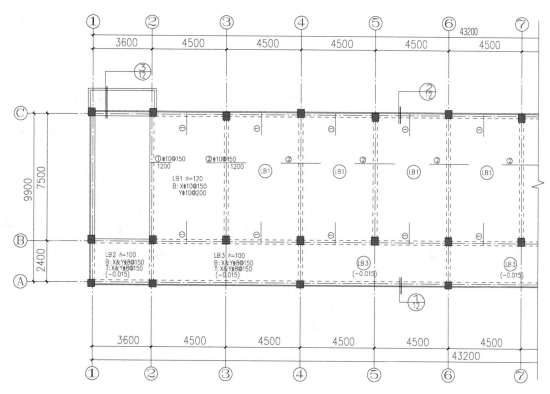

图 8-19　添加钢筋标注（局部）

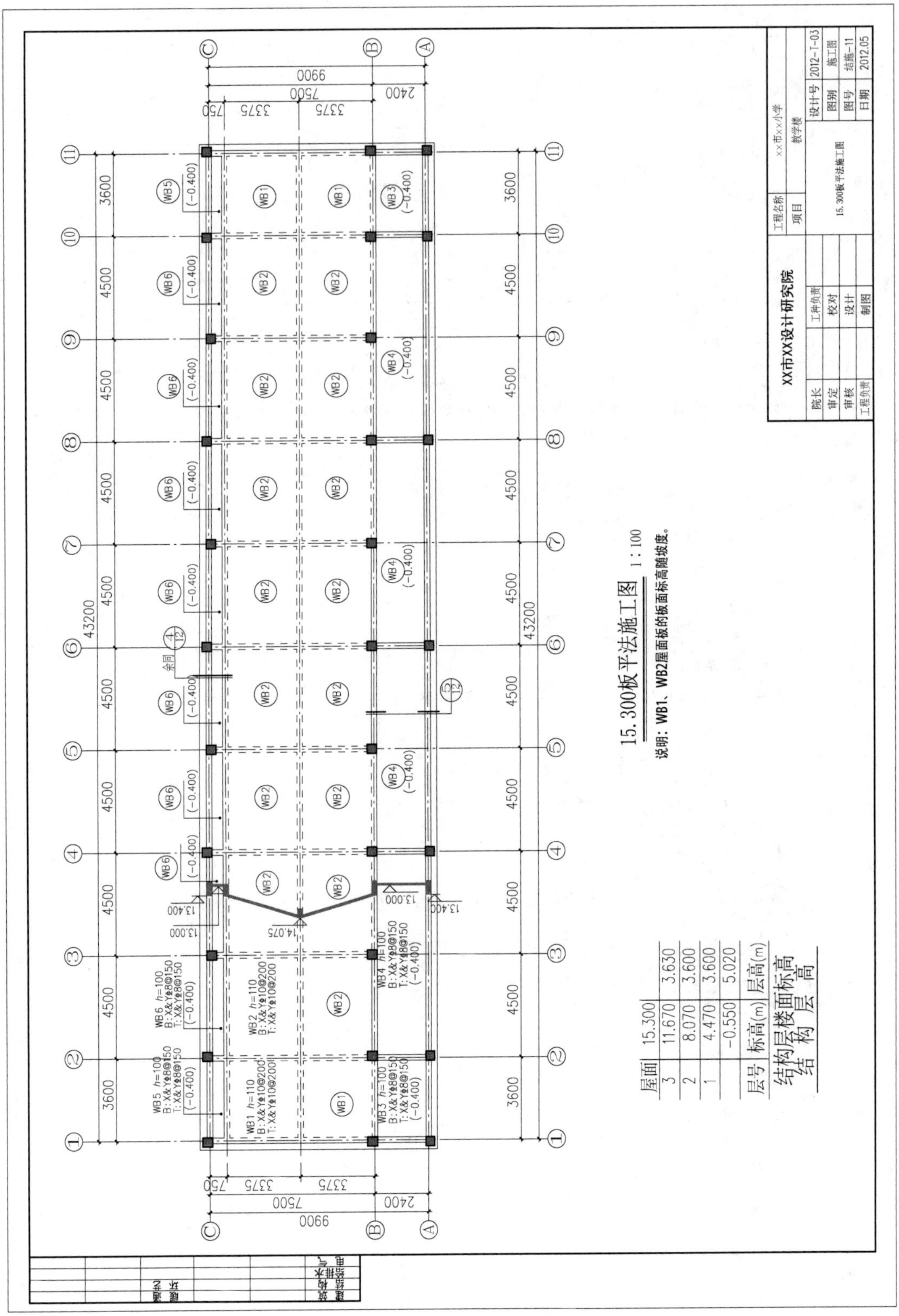
15.300板平法施工图 1:100
说明：WB1、WB2屋面板的板面标高随坡度。
XX市XX设计研究院
15.300板平法施工图
结构层楼面标高
结构层高
屋面 15.300
3 11.670 3.630
2 8.070 3.600
1 4.470 3.600
-0.550 5.020
层号 标高(m) 层高(m)
WB1 h=110
WB2 h=110
WB3 h=100
WB4 h=100
WB5 h=100
WB6 h=100
43200
9900
7500
2400

图 8-20 教学楼 15.300 板平法施工图

绘制结构楼梯平法施工图

任务描述

1）回顾楼梯平法施工图的表达方法、注写内容，以板式楼梯为例分析绘图流程。

2）参照图 8-21，并按建筑制图国标规定设置图层等绘图环境，绘制教学楼板式楼梯的一层平法施工图。

微课：绘制结构楼梯平法施工图

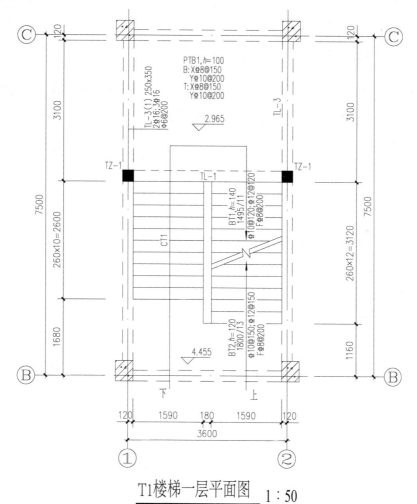

T1楼梯一层平面图 1：50

图 8-21 T1 楼梯一层平法施工图（局部）

任务分析

识读楼梯平法施工图中的踏步、平台板、平台梁等尺寸数据及配筋情况。

绘图内容有原建筑墙柱、楼梯踏步、平台板、平台梁等；标注内容有楼梯类型代号与序号、平台板厚度及配筋、平台梁尺寸及配筋、踏步宽度及级数等。

知识铺垫

1. 板式楼梯的平面表示方法

板式楼梯的平面表示方法是指将楼梯构件的尺寸和配筋等，按照平面整体表示方法制图规则，直接表达在楼梯结构平面图上。

混凝土板式楼梯梯板的平法注写方式有平面注写方式、剖面注写方式和列表注写方式，本任务主要介绍平面注写方式的楼梯平面图。

2. 板式楼梯梯板的平面注写方式的内容

楼梯集中标注的内容主要有：楼梯间的平面尺寸、楼层结构标高、层间结构标高、楼梯的上下方向、梯板的平面几何尺寸、梯板类型及编号、平台板配筋、梯梁及梯柱配筋等。

任务实施

1. 整理图形

打开建筑平面图中的"TI 楼梯详图.dwg"，并将其另存为"T1 楼梯一层平面图"，删除多余部分，整理结果如图 8-22 所示。

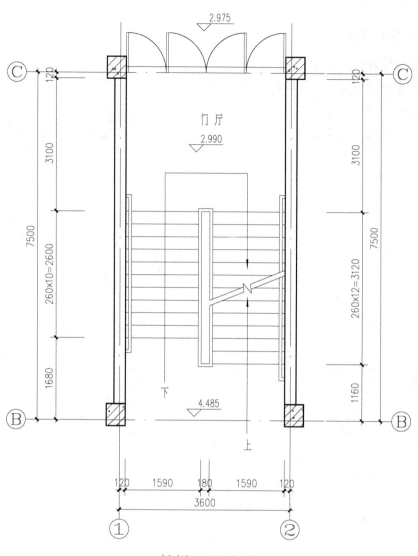

T1楼梯一层平面图　1∶50

图 8-22　整理后的图形

2. 添加图层

根据建筑 TI 楼梯的一层平面图，添加梁虚线、板标注等图层，图层特性如表 8-9 所示。

表 8-9　楼梯图层列表

序号	图层	颜色	色号	线型	线宽
1	梁虚线	青色	4	Dashed	0.35
2	板标注	黄色	2	Continuous	默认

3. 绘制楼梯梯梁

删除部分墙线和门窗线，将"梁虚线"图层设置为当前图层，使用直线、偏移、修剪等命令绘制出梯梁轮廓，如图 8-23 所示。

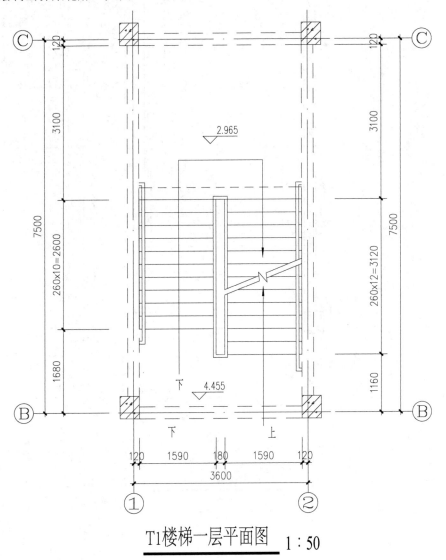

T1楼梯一层平面图 1：50

图 8-23　绘制楼梯梯梁

4. 添加板的标注

将"板标注"图层设置为当前图层，使用单行文字命令添加标注，包括平台板标注、梯梁标注、楼梯板标注、梯柱标注。

使用插入块命令插入标高，并设置标高数据，绘制结果如图 8-24 所示。

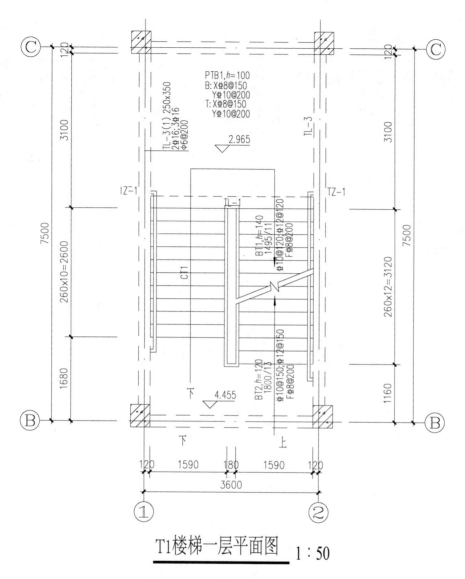

图 8-24 添加板的标注

5. 删除栏杆并填充梯柱

1）删除楼梯平面图中的栏杆线条，根据板的标注修改楼梯段的线条。

2）选择"墙线"图层，绘制梯柱图形并填充，结果如图 8-25 所示。

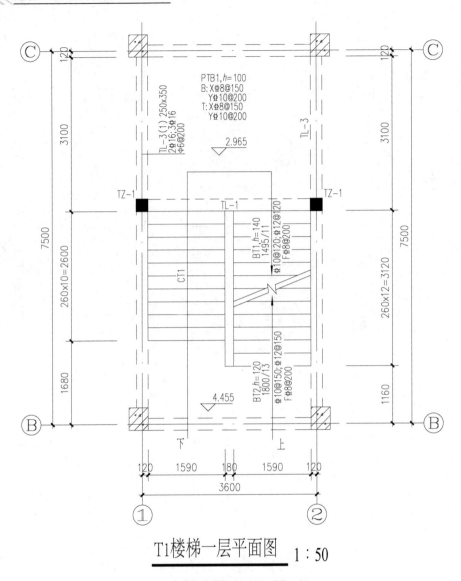

T1楼梯一层平面图 1:50

图 8-25　删除栏杆并填充后的效果

✋ **任务拓展**

　　参照图 8-26，并按建筑制图国标规定绘制教学楼 T1 楼梯的二层平面图（与 T1 楼梯的一层平面图类似，主要区别在于楼梯段的平法表示内容，可以 T1 楼梯的一层平面图为基础进行绘制）。

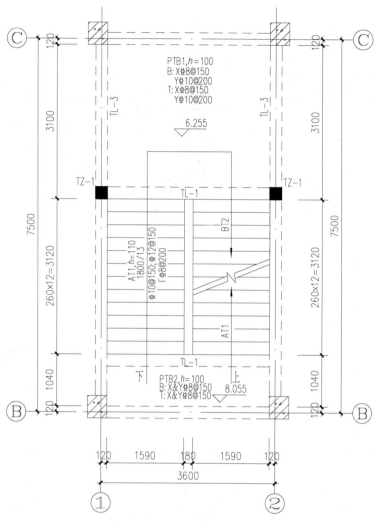

T1楼梯二层平面图　1:50

图 8-26　T1 楼梯的二层平面图

直 击 工 考

一、选择题（国赛试题）

如图 8-27 所示为一钢筋混凝土平台栏板详图，图中索引符号表示的含义是（　　）。

A. 2 号节点详图被编号为 3 的图纸索引

B. 3 号节点详图被编号为 2 的图纸索引

C. 钢管扶手底座预埋件其详图编号为 2，详图在编号为 3 的施工图纸上

D. 钢管扶手底座预埋件其详图编号为 3，详图在编号为 2 的施工图纸上

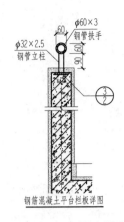

图 8-27　平台栏板详图

二、操作题（1+X 考证试题）

任务 1（10 分）

1．识读施工图。

识读提供的施工图，在考试平台中下载"任务 1 样板图.dwg"，绘制结施 09 中 KZ2 的 13.750～17.550 标高范围内的柱纵断面图。

2．绘制要求。

1）绘制框架柱纵筋，标注全部纵筋的类型、直径；柱纵筋采用焊接连接，绘制柱纵筋焊接连接的位置，标注接头位置的尺寸。

2）绘制框架柱箍筋，标注箍筋的类型、直径、间距、范围（柱箍筋加密区的范围按 50 的倍数取值）。

3）钢筋使用粗实线进行绘制，图层不作要求。

4）文字注写采用样板图中设定的文字样式"FS"。

5）尺寸标注采用样板图中设定的标注样式"比例 50"。

6）绘图比例为 1∶1，出图比例为 1∶50。

3．保存和提交要求。

绘制完成后保存为"任务 1.dwg"，并将此文件通过考试平台中的"绘图任务文件上传"功能，单击任务 1 对应的"选择文件"按钮进行上传，完成本题所有的操作。

任务 2（12 分）

1．识读施工图。

识读提供的施工图，在考试平台中下载"任务 2 样板图.dwg"，如图 8-28 所示，绘制结施 18 三层梁配筋平面图中的 KL11(3B) 指定位置的 1—1、2—2、3—3、4—4 截面图。

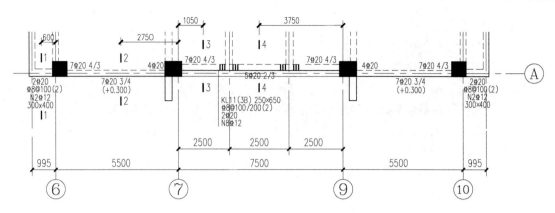

图 8-28　任务 2 样板图

2．绘制要求。

1）绘制梁板轮廓线，标注梁的截面尺寸、梁面标高。

2）绘制梁的纵筋，标注梁纵筋的类型、数量、直径。

3）绘制梁的箍筋，标注梁箍筋的类型、直径、间距。

4）钢筋使用粗实线进行绘制，图层不作要求。

5）文字注写采用样板图中设定的文字样式"FS"。

6）尺寸标注采用样板图中设定的标注样式"比例 25"。

7）绘图比例为 1∶1，出图比例为 1∶25。

注意：梁截面图绘制样式可参照样板图中的示例图进行绘制。

3．保存和提交要求。

绘制完成后保存为"任务 2.dwg"，并将此文件通过考试平台中的"绘图任务文件上传"功能，单击任务 2 对应的"选择文件"按钮进行上传，完成本题所有的操作。

任务 3（8 分）

1．识读施工图。

识读提供的施工图，在考试平台中下载"任务 3 样板图.dwg"，如图 8-29 所示，绘制结施 25 二层板配筋平面图中 2～3 轴交 J 轴指定位置的 *A*—*A*、*B*—*B* 断面图。

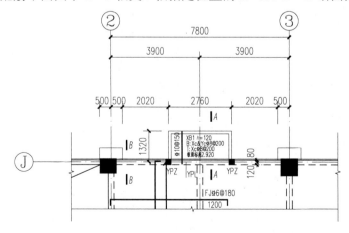

图 8-29　任务 3 样板图

2．绘制要求。

A—A 断面图的绘制要求如下。

1）绘制雨篷板及雨篷梁的轮廓线，标注板截面尺寸及板面或板底标高。

2）绘制雨篷板的钢筋，标注钢筋的类型、数量、直径。

3）绘制雨篷板翻边构造及雨篷板钢筋锚入雨篷梁的构造，并标注必要的构造尺寸。

4）钢筋使用粗实线进行绘制，图层不作要求。

5）文字注写采用样板图中设定的文字样式"FS"。

6）尺寸标注采用样板图中设定的标注样式"比例 25"。

7）绘图比例为 1∶1，出图比例为 1∶25。

B—B 断面图的绘制要求如下。

1）绘制二层 J 轴指定位置处的梁板轮廓线，标注板截面尺寸及板面标高。

2）绘制板钢筋，标注钢筋的类型、数量、直径。

3）绘制板钢筋锚入梁端部的构造，并标注必要的构造尺寸。

4）钢筋使用粗实线进行绘制，图层不作要求。

5）文字注写采用样板图中设定的文字样式"FS"。

6）尺寸标注采用样板图中设定的标注样式"比例 25"。

7）绘图比例为 1∶1，出图比例为 1∶25。

注意：计算结构构造尺寸时，按照平法图集构造标准的限值取值，不作人为调整。例如，计算结果为 99，尺寸标注为 99；计算结果为 99.2，尺寸标注为 100。

3．保存和提交要求。

绘制完成后保存为"任务 3.dwg"，并将此文件通过考试平台中的"绘图任务文件上传"功能，单击任务 3 对应的"选择文件"按钮进行上传，完成本题所有的操作。

9 项目

绘制住宅装饰施工图

>>>>>

◎ **项目导读**

　　本项目详细介绍了住宅装饰平面布置图、顶棚平面图、墙立面装饰图、装饰构造详图等内容。通过学习，学生应掌握住宅装饰施工图的绘图内容及绘图步骤。

◎ **学习目标**

知识目标

1）熟练掌握基本绘图命令和编辑命令。

2）掌握 AutoCAD 中高级绘图和住宅装饰施工图的绘制流程和绘图技巧。

能力目标

1）能正确识读住宅装饰设计图纸，理解装饰要求。

2）能合理设置装饰施工图的绘图环境。

3）能正确绘制轴线、墙体、门窗、家具、标注等内容。

素养目标

1）强化规范意识、质量意识，严格遵守国家、地方及行业的标准规范。

2）发扬吃苦耐劳、专注执着的工匠精神，提升职业素养和工程素养。

微课：绘制装饰
平面布置图

任务描述

1）回顾装饰施工图的形成及特点，分析绘图内容及绘图流程。

2）参照图 9-1 所示的住宅装饰平面布置图，并按照国标《房屋建筑制图统一标准》（GB/T 50001—2017）中的规定，绘制各功能空间的家具，并标注文字、尺寸等。

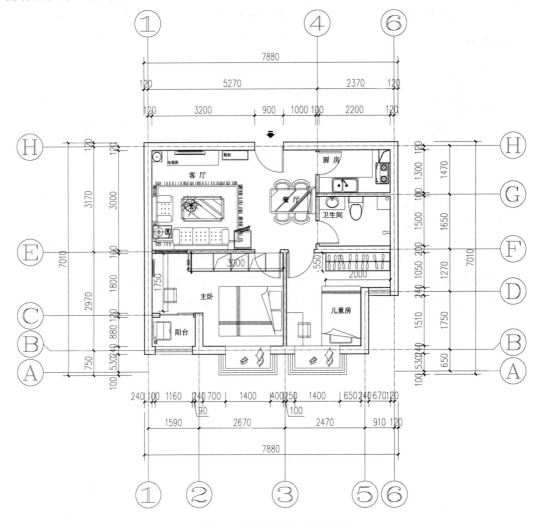

图 9-1　住宅装饰平面布置图

任务分析

1）理解装饰施工图的形成及特点，掌握装饰平面布置图的组成内容。

2）分析各功能区的平面形体、尺寸、位置及家具款式等，绘图内容有：墙体、门窗、家具、家电等，标注内容有文字、尺寸、轴号等。

知识铺垫

1. 装饰施工图的形成及特点

装饰工程施工图的图示原理与建筑施工图完全一样，使用正投影的方法，绘图时要遵守《房屋建筑制图统一标准》（GB/T 50001—2017）中的相关规定。

装饰施工图侧重反映装饰材料及其规格、装饰构造及其做法、饰面颜色、施工工艺，以及装饰件与建筑构件的位置关系和连接方法等。

2. 装饰施工图的分类

一套完整的装饰施工图一般由以下几部分组成：设计说明、平面布置图、顶棚平面图、楼地板装饰图、墙立面装饰图、详图等。

3. 装饰平面布置图的图示内容

1）建筑主体结构（如墙、柱、台阶、楼梯、门窗等）的平面布置、具体形状，以及各种房间的位置和功能等。

2）室内家具陈设、设施（电器设备、卫生盥洗设备等）的形状、摆放位置和说明。

3）隔断、装饰构件、植物绿化、装饰小品的形状和摆放位置。

4）尺寸标注。一是建筑结构体的尺寸；二是装饰布局和装饰结构的尺寸；三是家具、设施的尺寸。

5）门窗的开启方式及尺寸。

6）详图索引、各面墙的立面投影符号（内视符号）及剖切符号等。

7）饰面的材料和装修工艺要求等的文字说明。

技能准备

1. 插入家具

1）放置家具：在菜单栏中选择"工具"→"选项板"→"设计中心"命令，打开如图 9-2 所示的设计中心面板，按路径找到 Home-Space Planner 图形文件，将其拖入 AutoCAD 主窗口绘图区即可打开，选择需要的家具图块插入房间的相应位置，并调整家具的方位、大小及位置等。

2）编辑家具：选择需要编辑的家具，在相应的属性对话框中修改家具的各种属性，如颜色、材质等。

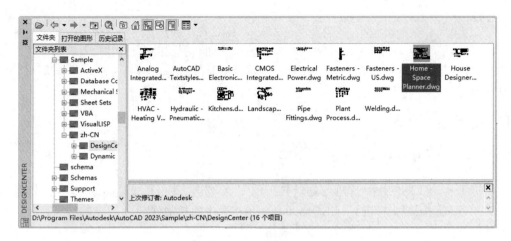

图 9-2　选择家具

2. 绘制固定衣柜

使用矩形命令绘制固定衣柜，其中平面衣柜的深度为 600（平开门），长度为 1800，柜体厚度为 20。若是到顶的柜子，则需要使用对角连线表示，绘制结果如图 9-3 所示。

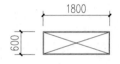

图 9-3　绘制固定衣柜

🔧 任务实施

1. 设置绘图环境

设置平面布置图的绘图环境时，可参考建筑平面图的设置，其中图层设置如表 9-1 所示。

表 9-1　图层特性

序号	图层	颜色	色号	线型	线宽
1	图框	白色	7	Continuous	默认
2	轴线	红色	1	Center	默认
3	墙线	白色	7	Continuous	默认
4	门窗	青色	4	Continuous	默认
5	标注	绿色	3	Continuous	默认
6	文字	白色	7	Continuous	默认
7	家具	白色	7	Continuous	默认
8	填充	白色	7	Continuous	默认

2. 绘制轴网

将"轴线"图层设置为当前图层，打开正交和对象捕捉模式，使用直线命令绘制两条正交直线，横线长为 9640、竖线长为 8790。

使用偏移命令，按图 9-4 所示的轴线距离分别偏移水平轴线和竖直轴线，使用延伸命令将各条轴线端点往两侧分别延伸 1000。

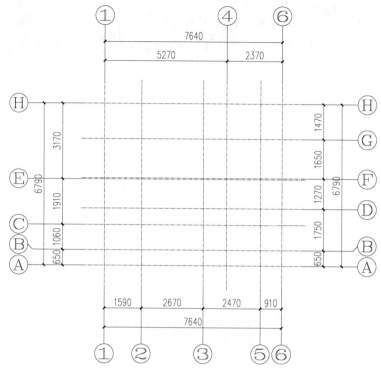

图 9-4　绘制轴网

3. 绘制户型建筑平面图

参照建筑平面图的绘图流程及方法，绘制墙线、门窗、阳台等，绘制结果如图 9-5 所示。

4. 插入家具

打开设计中心面板，在图库中选择合适的家具插入户型建筑平面图中，并根据需要调整其方位、大小及位置，绘制结果如图 9-6 所示。

5. 文字标注

使用单行文字命令标注房间功能，如"主卧"，再使用复制命令完成室内其他区域的功能标注。

使用单行文字命令注写图名及比例后，插入图框块。

 任务拓展

在模型空间按 1：1 的比例，并按建筑制图国标规定绘制如图 9-7 所示的某住宅装饰平面布置图。要求投影正确，表达规范。

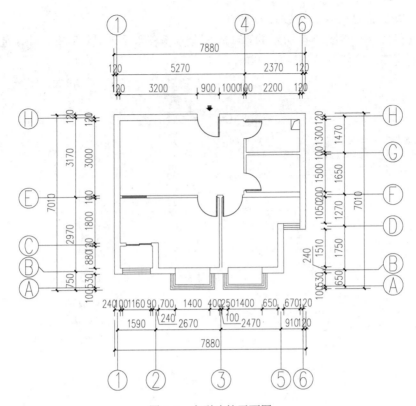

图 9-5　户型建筑平面图

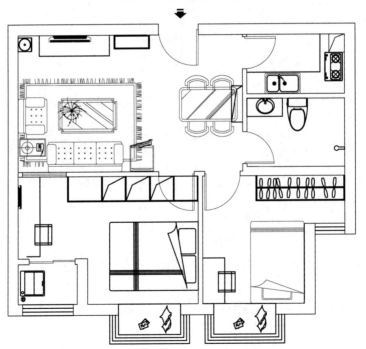

图 9-6　绘制家具

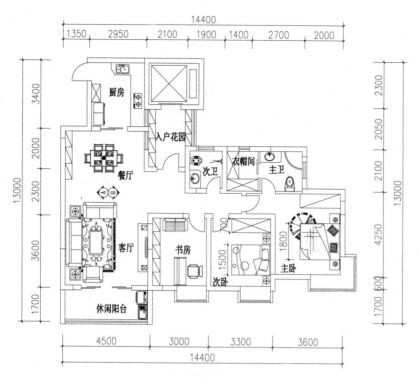

平面布置图 1:100

图 9-7　某住宅装饰平面布置图

绘制装饰顶棚平面图

任务描述

按建筑制图国标规定，绘制如图 9-8 所示的住宅装饰顶棚平面图。

微课：绘制装饰
顶棚平面图

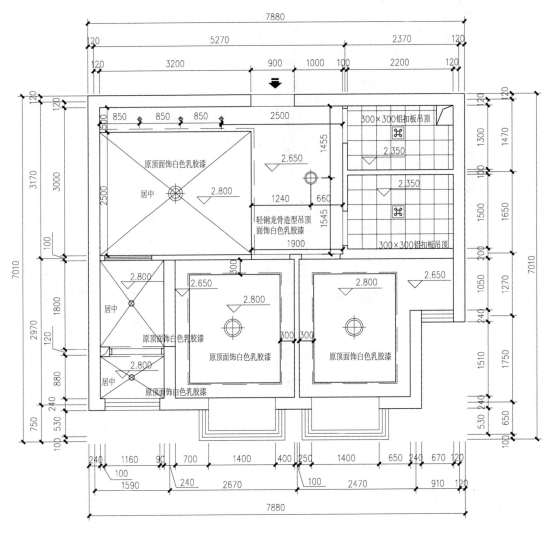

图 9-8　住宅装饰顶棚平面图

🔧 **任务分析**

识读住宅装饰顶棚平面图的绘图内容，分析绘图流程。

住宅顶棚平面图的绘图内容主要有定位轴线、墙体、灯具、顶棚造型等，标注内容主要有文字、尺寸、标高、装饰材料及规格、图名、比例等。

🔩 **技能准备**

1．绘制灯具——浴霸

参照浴霸详图，使用矩形、圆、偏移、阵列等命令绘制浴霸，并创建为块。绘制过程如图 9-9 所示。

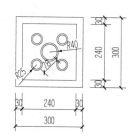

图 9-9　浴霸的绘制过程

2. 绘制筒灯

使用圆、直线、偏移等命令绘制筒灯，筒灯的内外径分别为 40、50，并创建为块。绘制结果如图 9-10 所示。

图 9-10　筒灯

📖 **知识铺垫**

1. 顶棚平面图的形成与表达

顶棚平面图是指假想使用一剖切平面，在顶棚下方通过门、窗洞的位置将房屋剖开后，对剖切平面上方的部分所作的镜像投影图。其用于表达顶棚造型、材料及灯具、消防和空调系统的位置等。

在顶棚平面图中剖切到的墙柱使用粗实线进行绘制，未剖切到但能看到的顶棚、灯具、风口等使用细实线进行绘制。

2. 顶棚平面图的图示内容

1）顶棚平面图的基本内容。此项内容和建筑平面图基本相同，但门只绘制了门洞边线，不绘制门扇和开启线。

2）顶棚的形式与造型。顶棚的造型样式及其定形定位尺寸、各级标高、装饰所用的材料及规格、各级标高。

3）灯具的符号及具体位置。

4）有关附属设施外露件的规格、定位尺寸、窗帘的图示等，如送风口、烟感报警器和喷淋头等。

5）索引符号、说明文字、图名及比例等。

⚙️ **任务实施**

1. 新建图层

打开已绘制完成的户型平面布置图，添加顶棚、灯具图层，图层特性如表 9-2 所示。

表 9-2　图层特性

序号	图层	颜色	色号	线型	线宽
1	顶棚	白色	7	Continuous	默认
2	灯具	白色	7	Continuous	默认

2. 绘制客厅餐厅的顶棚造型

将"顶棚"图层设置为当前图层，参照图 9-11 所示的尺寸数据，使用矩形、直线、偏移等命令绘制客厅餐厅顶棚造型。

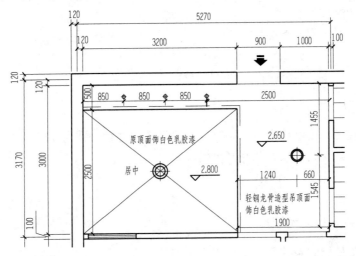

图 9-11 客厅餐厅的顶棚平面图（局部）

将"灯具"图层设置为当前图层，使用多段线命令在顶棚造型上绘制灯带，线型修改为 Dashed，再使用插入块命令在相应的位置插入筒灯块。

3. 绘制主卧、儿童房的顶棚造型

参照图 9-12 所示的尺寸数据，绘制主卧、儿童房的顶棚造型。

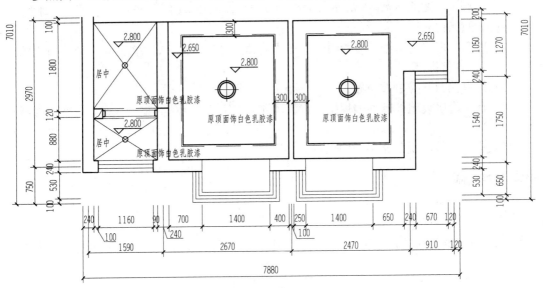

图 9-12 主卧、儿童房的顶棚平面图

4．绘制厨房的顶棚造型

使用图案填充命令绘制厨房的吊顶，填充的参数设置如图 9-13 所示，绘制结果如图 9-14 所示。

图 9-13　吊顶填充的参数设置

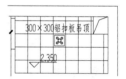

图 9-14　绘制厨房的顶棚

使用插入块命令将浴霸插入相应的位置。

5．标注

（1）文字标注

将"文字"图层设置为当前图层，使用单行文字命令注写主卧的顶棚材料，使用复制命令完成其余部位装修材料的注写。

（2）尺寸标注

将"标注"图层设置为当前图层，使用线性标注命令标注第一个尺寸后，使用连续标注命令完成同一道尺寸的剩余部分的尺寸标注。重复以上操作完成平面图中其他尺寸的标注。

（3）标高绘制

将"标注"图层设置为当前图层，使用直线、定义属性等命令绘制标高块，使用插入块命令在平面图中的相应位置插入标高块并设置标高数据。

使用单行文字命令注写图名及比例后，插入图框块。

 任务拓展

在模型空间按 1∶1 的比例，并按建筑制图国标规定绘制如图 9-15 所示的某住宅装饰顶棚平面图。要求投影正确，表达规范。

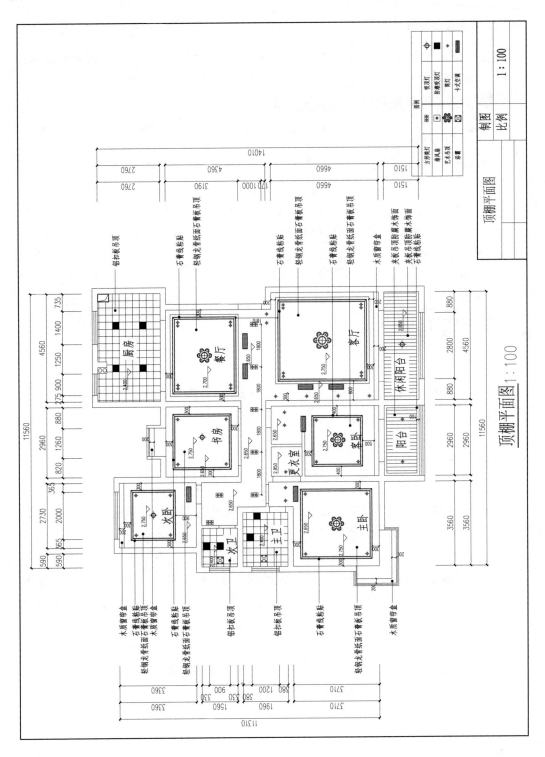

图 9-15 某住宅装饰顶棚平面图

绘制墙立面装饰图

微课：绘制墙
立面装饰图

任务描述

按建筑制图国标规定，绘制如图 9-16 所示的客厅墙立面装饰图。

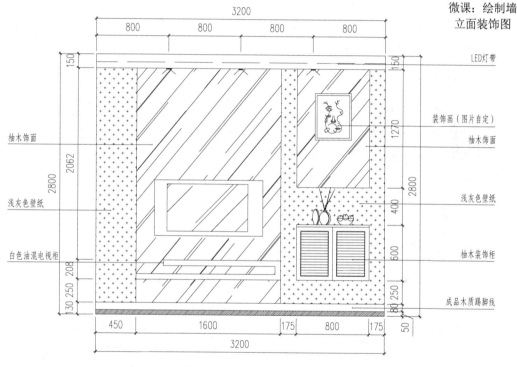

图 9-16　客厅墙立面装饰图

任务分析

识读客厅墙立面装饰图，分析绘图内容及绘图流程。

客厅墙立面装饰图的绘图内容主要有墙面造型、家具、家电等；标注内容主要有文字、尺寸、标高、装饰材料类型及规格、图名等。

技能准备

绘制柚木装饰柜。使用矩形、偏移、直线、填充等命令绘制柜体，并创建为块，绘制过程如图 9-17 所示。

269

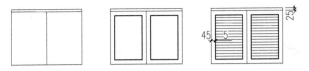

图 9-17　绘制柚木装饰柜

📖 知识铺垫

1. 墙立面装饰图的表达

立面装饰图的名称应与平面布置图中的内视投影符号一致，如"A 立面图""B 立面图"等。各向立面图应尽可能绘制在同一图纸上，甚至可把相邻的立面图连接起来，便于展示室内空间的整体布局。

图中使用粗实线表示外轮廓线，使用中实线表示墙面上的门窗、装饰件的轮廓线等，使用细实线表示其他图示内容和尺寸线、引出线等。

2. 立面装饰图的图示内容

1）墙面装饰造型的构造方式、装饰材料（一般用文字说明）、陈设、门窗造型等。
2）墙面所用设备（灯具、暖气罩等）和附墙固定家具的规格尺寸、定位尺寸等。
3）顶棚的高度尺寸及其造型的构造关系和尺寸，墙面与吊顶的衔接收口方式等。
4）尺寸标注、相对标高、说明文字、索引符号、图名和比例等。

⚙️ 任务实施

1. 设置绘图环境

打开已绘制完成的平面布置图，添加墙面装饰图层，图层特性如表 9-3 所示。

表 9-3　图层特性

图层	颜色	色号	线型	线宽
墙面装饰	白色	7	Continuous	默认

2. 绘制墙立面轮廓

根据图 9-18 所示的相关尺寸，使用直线、偏移等命令绘制客厅墙立面轮廓。

3. 绘制墙面造型

根据图 9-19 所示的尺寸数据，使用直线、偏移、复制等命令绘制地面踢脚线、灯带、电视背景墙等墙面造型。

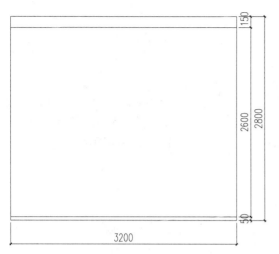

图 9-18　绘制客厅墙立面轮廓　　　　　　图 9-19　绘制客厅立面墙面造型

4．绘制柜体、装饰画、电视机

根据图 9-16 所示的相关尺寸，使用矩形、直线、偏移、复制等命令绘制电视柜。使用插入块命令在相应位置插入装饰柜、装饰画等图块，绘制结果如图 9-20 所示。

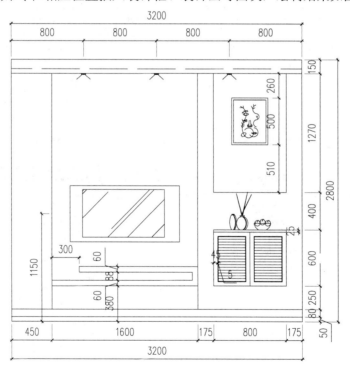

图 9-20　绘制客厅立面家具

5．填充图案

使用图案填充命令对壁纸区、电视背景区填充相应的图案。

6. 文字标注

将"文字"图层设置为当前图层，使用单行文字命令注写墙面装饰材料，使用复制命令完成所有部位装修材料的注写。

7. 尺寸标注

将"标注"图层设置为当前图层，使用线性标注命令标注第一个尺寸后，使用连续标注命令完成同一道尺寸的剩余部分的尺寸标注。重复以上操作完成平面图中其他尺寸的标注。

任务拓展

在模型空间按 1∶1 的比例，并按建筑制图国标规定绘制如图 9-21 所示的某住宅装饰立面图。要求投影正确，表达规范。

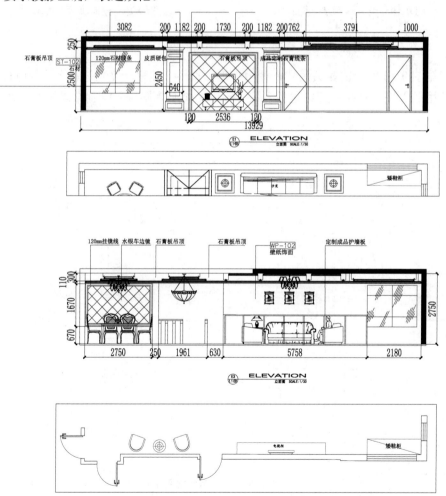

图 9-21　某住宅装饰立面图

绘 制 装 饰 构 造 详 图

任务描述

回顾装饰构造详图的形成与表达方法，按建筑制图国标规定绘制如图 9-22 所示的客厅装饰节点大样图。

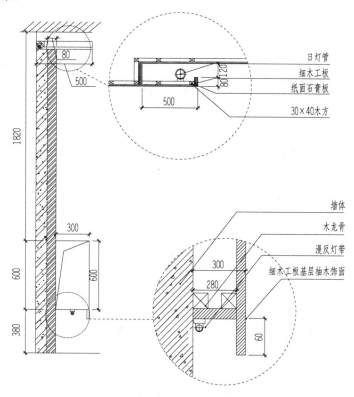

图 9-22 客厅装饰节点大样图

任务分析

1）确定绘图比例：根据装饰构造详图（大样图）的表达内容和细节要求，选择合适的绘图比例，通常大样图的比例选择为 1：10、1：20 等。

2）标注尺寸：在图纸上准确标注建筑装饰的各种尺寸，包括长度、宽度、高度等。

3）绘制装饰元素：标明装饰元素的形状、材质和颜色。

📖 知识铺垫

1. 装饰构造详图的形成与表达

由于平面布置图、地面平面图、墙立面图、顶棚平面图等的比例较小，所以需要放大比例绘制出详图满足装饰施工的需要，形成装饰构造详图，一般构造详图按比例 1：10、1：20 绘制。

在装饰构造详图中，剖切到的装饰体轮廓线使用粗实线绘制，未剖切到但能看到的装饰体使用细实线绘制。

2. 装饰构造详图的分类

常见的装饰构造详图主要有：家具详图、装饰门窗及门窗套详图、楼地板详图、小品及饰物详图等。

3. 装饰构造详图的图示内容

1）绘制原有建筑结构、面层装饰材料、隐蔽装饰材料、支撑和连接构件、配件及它们之间的相互关系。

2）标注所有材料、构件、配件的详细尺寸、做法和施工要求。

3）表示装饰面上设备设施的安装方法、固定方法，确定收口方式，标注详细尺寸和做法。

4）标注索引符号和编号、节点名称和制图比例。

⚙️ 任务实施

1. 绘制客厅墙体结构

参照图 9-22 所示的尺寸数据，使用直线、偏移、修剪等命令绘制墙体结构，并使用图案填充命令进行材质的填充。

使用直线命令绘制顶棚造型和柜子造型，绘制结果如图 9-23 所示。

2. 绘制顶棚节点详图

使用直线、矩形、填充、修剪等命令绘制顶棚造型详图，其中楼板厚 120，木龙骨的截面尺寸为 30×40，细木工板的尺寸为 2440×1220×18，石膏板的厚度是 2440×1220×9.5。

使用插入块命令在泛光灯槽中插入灯具图块，绘制结果如图 9-24 所示。

3. 标注顶棚节点详图

在大样图外面使用圆命令绘制圆，使用单行文字命令绘制详图中需要注明的装饰构造及装饰材料。各细部尺寸使用线性标注命令完成注写，标注结果如图 9-25 所示。

4. 绘制柜子节点详图

使用直线、矩形、填充、修剪等命令绘制柜子的节点详图，绘制结果如图 9-26 所示。

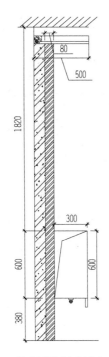

图 9-23　绘制顶棚造型和柜子造型

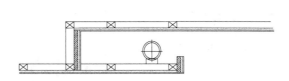

图 9-24　绘制灯具

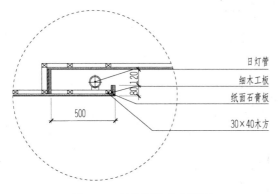

日灯管

细木工板

纸面石膏板

30×40木方

图 9-25　标注顶棚节点详图

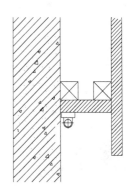

图 9-26　绘制柜子节点详图

5. 标注柜子节点详图

在节点详图外面使用圆命令绘制圆，使用单行文字命令标注详图中需要注明的装饰构造及装饰材料。各细部尺寸使用线性标注命令完成注写，标注结果如图 9-27 所示。

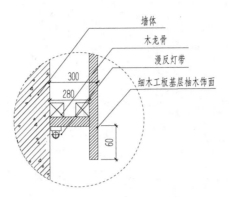

图 9-27 标注柜子节点详图

🔧 任务拓展

在模型空间按 1∶1 的比例，并按建筑制图国标规定绘制如图 9-28 所示的某住宅沙发背景大样图。要求投影正确，表达规范。

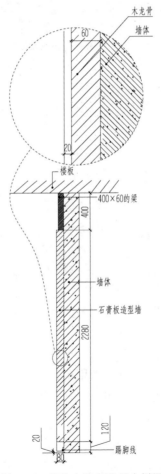

图 9-28 某住宅沙发背景大样图

直 击 工 考

1. 抄绘"家具平面布置图"（国赛试题）。

根据给定图纸，如图 9-29 所示，完成以下操作。

使用默认设置，准确抄绘轴线、墙体、门窗、尺寸标注、文字标注等建筑平面图的内容。

新建"建筑-平面-家具"图层，抄绘图中家具。所有家具的图样都放置在该图层中。

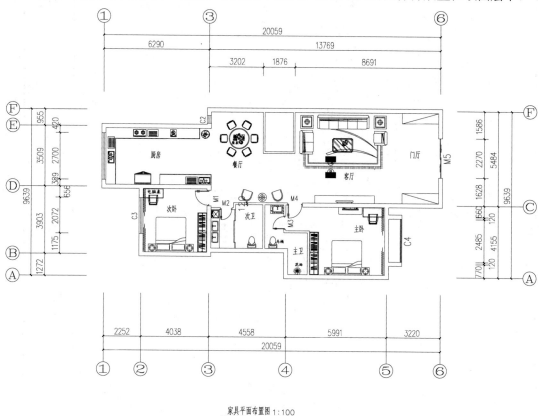

家具平面布置图 1:100

图 9-29　家具平面布置图

2. 抄绘"顶面布置图"（国赛试题）。

根据给定图纸，如图 9-30 所示，完成以下操作。

使用默认设置，准确抄绘轴线、墙体、门窗、尺寸标注、文字标注等建筑平面图的内容。

新建"建筑-平面-顶面布置"图层，抄绘图中顶面装饰装修设计内容，有关图样都放置在该图层中。

填充顶面装饰材料并注释顶面装饰材料的名称，填充样式及规格尺寸须与图纸一致，图例中的图案样式可自行绘制，并抄绘图例。

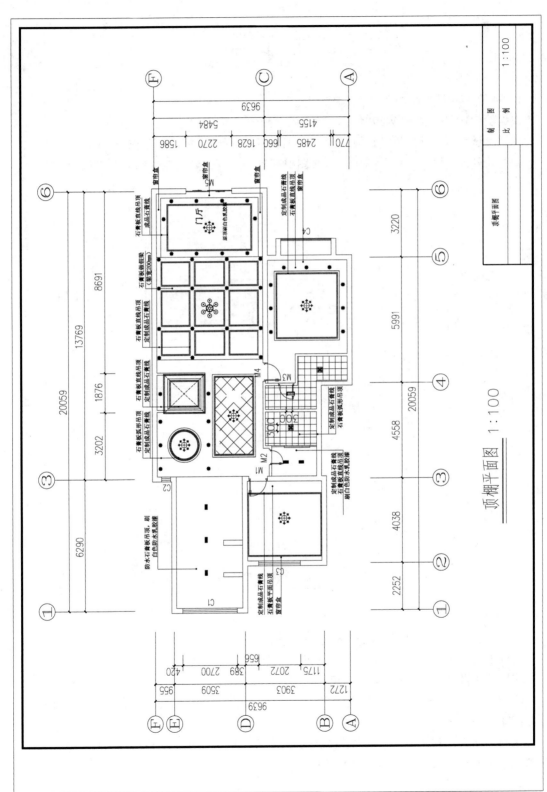

顶棚平面图 1:100

图 9-30　顶棚平面图

参 考 文 献

高丽燕，等，2016. AutoCAD 建筑绘图及三维建模（2016）[M]. 北京：科学出版社.

关俊良，2007. 建筑装饰 CAD[M]. 北京：科学出版社.

娄开伦，2020. AutoCAD 建筑装饰装修工程制图（含配套图集）[M]. 北京：科学出版社.

潘彦颖，王岚琪，敖芃，2022. AutoCAD2022 建筑绘图（立体化活页式）[M]. 西安：西安交通大学出版社.

孙世青，2015. 建筑工程制图与 AutoCAD（含习题集）[M]. 2 版. 北京：科学出版社.

王向东，2013. 建筑 CAD 绘图[M]. 北京：高等教育出版社.

吴舒琛，2006. 建筑识图与构造[M]. 2 版. 北京：高等教育出版社.

夏玲涛，邬京虹，2019. 建筑构造与识图[M]. 2 版. 北京：机械工业出版社.